PETIT QUESTIONNAIRE

AGRICOLE.

PETIT

QUESTIONNAIRE AGRICOLE

POUR LES ÉCOLES PRIMAIRES

RÉDIGÉ

D'APRÈS LE VŒU DE LA SOCIÉTÉ D'AGRICULTURE

PAR J. BODIN

Directeur de l'Ecole d'agriculture de Rennes

Président de la Société d'agriculture et d'industrie du département d'Ille-et-Vilaine

CHEVALIER DE LA LÉGION-D'HONNEUR.

RENNES

IMPRIMERIE OBERTHUR, RUE IMPÉRIALE, 8.

1859.

PETIT QUESTIONNAIRE

AGRICOLE

Pour les Ecoles primaires.

Apprendre à de jeunes élèves des phrases toutes faites, pour les leur faire répéter ensuite dans un examen, n'est pas, selon moi, le moyen de les instruire, surtout en agriculture.

Un questionnaire n'est donc pas un livre pour étudier, c'est en quelque sorte un *aidemémoire* pour le maître qui pourrait questionner vingt fois sur le même sujet et en passer d'autres entièrement sous silence.

Il ne faut pas s'attendre à trouver ici un traité complet d'agriculture. Je me suis efforcé de faire des questions claires, simples, et des réponses aussi succinctes que possible.

De telle sorte que le maître qui ne connaîtrait pas encore bien les principes de culture devrait nécessairement avoir le désir de les étudier dans des ouvrages spéciaux, et que l'élève devrait aussi chercher ailleurs des détails qu'il ne peut trouver ici.

Tel a été mon but, et j'ose espérer que c'est aussi celui de la Société d'agriculture, qui m'a fait l'honneur de me confier ce petit travail.

TERRES LABOURABLES.

1 Quelles sont les parties élémentaires qui composent la terre labourable?

— *Sable, argile, calcaire.*

2 Quels sont les caractères et les propriétés des terres sablonneuses?

— *Composées de grains très-durs, sans liaison, sèches, perméables et s'é- chauffant promptement.*

3 Comment peut-on les améliorer?

— *Labours profonds qui conservent l'humidité, fumiers de bêtes à cornes.*

4 Quels caractères présentent les terres ar- gileuses?

— *Très-compactes, très-humides, dures et crevassées quand elles sont sèches ;*

retenant fortement l'eau et s'échauffant lentement.

5 Comment les améliorer?

— *Labours profonds qui font écouler les eaux, raies d'écoulement, fumiers chauds et pailleux, grande quantité d'engrais.*

6 A quels caractères reconnaît-on les terres calcaires?

— *Ordinairement blanches, bouillonnant dans les acides, retenant peu l'eau et décomposant promptement les engrais.*

7 Quels moyens de les améliorer?

— *Comme pour les terres sablonneuses, labours profonds et fumiers froids.*

8 Ces trois terres élémentaires, prises isolément, formeraient-elles un bon sol?

— Leurs propriétés trop tranchées les rendent presque impropres à la culture ; mélangées, elles se corrigent réciproquement et forment les bonnes terres labourables.

9 Le calcaire se rencontre-t-il dans toutes les terres?

— Il manque assez souvent, et, dans ce cas, il faut, pour obtenir de bons résultats, aller le prendre dans les terres qui en contiennent trop, ou le remplacer par la chaux.

10 Quelle est la partie du sol qui forme la nourriture des plantes?

— Une matière noirâtre, à laquelle on donne le nom d'humus.

11 De quoi se compose l'humus?

— De matières organiques, débris d'animaux ou de plantes.

12 Les matières organiques réduites à l'état de terreau noirâtre ou d'humus, sont-elles toujours propres à la nourriture des plantes?

— *Quelquefois elles contiennent des parties acides ou astringentes qui neutralisent leur effet. C'est ce qui se rencontre souvent dans les landes et les terres marécageuses.*

13 Comment peut-on détruire ou annuler l'influence nuisible de ces principes acides ou astringents ?

— *Au moyen de la chaux, des cendres, des noirs très-phosphatés, des fumiers très-chauds.*

14 Comment peut-on augmenter la fertilité du sol et la quantité d'humus?

— *Au moyen des fumiers, des terreaux et de tous les engrais contenant une grande quantité de débris végétaux ou animaux.*

15 Qu'appelle-t-on terre argilo-sablonneuse?

— *Celle qui contient du sable et où l'argile domine.*

16 Qu'appelle-t-on terre argilo-calcaire?

— *Celle qui contient du calcaire et où l'argile domine.*

17 Qu'est-ce que la terre tourbeuse?

— *Une terre contenant beaucoup de matières végétales incomplètement décomposées et souvent acides, noirâtre, poreuse, tremblant sous les pieds.*

18 Que faut-il faire pour les rendre propres à la culture?

— *Les dessécher et employer les mêmes matières que pour l'humus de mauvaise qualité.*

19 Que nomme-t-on terrains d'alluvion?

— *Ceux qui ont été transportés par les eaux au fond des vallées.*

20 Pourquoi sont-ils en général très-fertiles ?

— *Parce qu'ils contiennent une grande quantité de matières organiques. Etant les plus légères, ce sont celles que les eaux ont le plus entraînées.*

21 L'épaisseur de la couche végétale influe-t-elle sur sa qualité ?

— *En général, on peut dire que plus elle est épaisse, plus elle est fertile.*

22 Pourquoi cela ?

— *Parce que les racines des plantes y trouvent plus de nourriture, qu'elles peuvent s'y mettre mieux à l'abri de la trop grande sécheresse et de la trop grande humidité.*

23 Qu'est-ce que le sous-sol ?

— *La couche qui se trouve immédiatement sous la terre labourable.*

24 Pourquoi cette seconde couche n'est-elle pas aussi propre à la végétation?

— Parce qu'elle contient très-peu d'humus, qu'elle n'a pas été fertilisée par l'air et divisée par les labours.

25 Qu'appelle-t-on sous-sol perméable?

— Celui qui est sablonneux, calcaire ou pierreux, et laisse passer l'eau.

26 Qu'appelle-t-on sous-sol imperméable?

— Celui qui est composé d'argile ou de bancs pierreux, et ne laisse pas passer l'eau.

27 Est-il indifférent que la couche de terre arable repose sur un sous-sol perméable ou sur un sous-sol imperméable?

— Les terres très-compactes, placées sur un sous-sol argileux, restent humides et froides ; sur une couche poreuse, elles seraient dans de meilleures conditions. Les terres légères sont meilleures sur un fond d'argile.

28 Pourrait-on juger de la qualité d'une terre
sur un échantillon?

*— On peut dire que l'échantillon est
de bonne ou de mauvaise qualité;
mais la nature du sous-sol, l'expo-
sition du champ, l'épaisseur de la
couche labourable, peuvent modifier
ces qualités et ces défauts.*

29 Quels sont les terrains nommés par les
cultivateurs terre à seigle, petite terre,
terre légère?

*— Les terrains sablonneux ou très-
calcaires.*

30 Quels sont ceux qu'on nomme terre à
froment, terre forte, grosse terre?

— Les terres où l'argile domine.

AMÉLIORATION DES TERRES.

31 Qu'est-ce qu'améliorer le sol?

— *C'est augmenter sa valeur et sa fertilité par tous les moyens possibles ; construction des chemins, assainissement et drainage, défoncements, destruction des mauvaises herbes, emploi des amendements et engrais.*

32 Quels sont les premiers travaux nécessaires pour améliorer les chemins?

— *Les dresser, faire des rigoles des deux côtés, et donner l'écoulement à l'eau.*

33 Dans quel état doit-on étendre les pierres sur les chemins?

— *En morceaux cassés et égaux ; les grosses pierres détruisent les chemins.*

34 L'empierrement des chemins n'amène-t-il pas une autre amélioration agricole?

— On ramasse pour les chemins les pierres qui se trouvent sur tous les champs, gênent les cultures et surtout le fauchage des prairies artificielles.

35 Pourquoi parlons-nous d'abord de l'amélioration des chemins?

— Pour labourer, pour engraisser, il faut d'abord un chemin qui permette d'arriver sur la terre.

36 Pourquoi les terres trop humides, où l'eau séjourne, ne sont-elles pas propres à la culture?

— 1° Le travail y est difficile, et ne peut être fait que par le temps sec; 2° L'air n'y pénètre pas suffisamment; 3° Les engrais n'y produisent pas tout leur effet.

37 Comment dessécher et assainir les terres humides?

— Au moyen de défoncements, de rigoles d'écoulement, de fossés et surtout du drainage.

38 Qu'est-ce que le drainage?

— C'est l'ensemble de travaux qui consistent à creuser des tranchées et à y pratiquer des conduits en pierres, ou plus ordinairement à y placer des tuyaux en terre cuite, destinés à donner l'écoulement aux eaux.

39 Quelle profondeur doivent avoir ces tranchées?

— Un mètre au moins.

40 Ne pourrait-on comparer le drainage au petit trou pratiqué dans le fond des pots à fleur?

— Le petit trou pratiqué dans le fond des pots à fleur permet à l'eau de s'écouler après avoir humecté suffisamment la terre et les racines des plan-

tes ; les tranchées avec des tuyaux d'écoulement pour les eaux ont absolument le même but.

41 Qu'arrive-t-il si on plante une fleur dans un pot dont le fond n'est pas percé ?

— *L'eau des arrosements séjourne dans le pot, noyant et asphyxiant les racines des plantes, en empêchant l'air d'y pénétrer. La plante souffre et meurt.*

42 Comment les engrais ne font-ils pas tout leur effet dans les terres trop humides ?

— *Les engrais ne peuvent bien se décomposer sans le contact de l'air, et l'air ne peut pénétrer suffisamment dans les terres dont les pores sont remplis d'eau.*

43 Les engrais ne sont-ils pas souvent entraînés dans les fossés au lieu de pénétrer dans le sol ?

— Sur les terres où l'eau ne peut pénétrer, les engrais sont dissous à la surface et entraînés dans les rigoles d'écoulement, puis dans les fossés et ruisseaux. Au contraire, lorsque l'eau peut pénétrer dans le sol, elle y entraîne les engrais dissous qui s'arrêtent successivement dans la couche labourable et y sont absorbés par les plantes.

44 Pourquoi est-il important de détruire les mauvaises herbes?

— Elles occupent la place des plantes cultivées, les détruisent et prennent dans le sol les engrais qui sont destinés aux récoltes productives.

45 Comment peut-on les détruire?

— Au moyen d'un bon assolement, des plantes sarclées, des fourrages, des labours fréquents en temps sec et des défoncements.

46 Comment se reproduisent les mauvaises herbes?

— *Le plus ordinairement par leurs graines et quelquefois aussi par leurs racines.*

47 Croyez-vous que les mauvaises plantes puissent lever sans graines?

— *Il ne peut y avoir une création spontanée, et les mauvaises herbes ne se rencontrent que dans les champs où des plantes de même espèce ont grainé, ou bien lorsque les graines y ont été apportées par les vents ou par les oiseaux.*

48 Comment se fait-il donc que des plantes lèvent tout-à-coup dans un terrain où l'on n'en avait pas vu depuis long-temps?

— *C'est que les graines enterrées profondément et hors du contact de l'air peuvent se conserver pendant très-longtemps, puis lever lorsqu'elles sont ramenées à la surface du sol par des labours.*

49 Une terre bien nettoyée a donc plus de valeur qu'une terre où toutes les mauvaises graines existent?

— *Sur un sol propre, le cultivateur est le maître, ses récoltes coûtent moitié moins et produisent moitié plus. Sur le sol non nettoyé, les herbes sont maîtresses du terrain et neutralisent tous les travaux qui deviennent presque inutiles.*

AMÉLIORATION DU SOL AU MOYEN DES AMENDEMENTS.

50 Quels sont les amendements le plus employés?

— *La marne, la chaux, le plâtre.*

51 Qu'est-ce que la marne?

— *C'est une terre principalement composée de calcaire et d'argile.*

52 Quel est son aspect?

— *Elle est ordinairement blanche et douce au toucher, quelquefois colorée.*

53 Comment la reconnaît-on?

— *Elle se délite dans l'eau comme l'argile et fait effervescence dans les acides comme le calcaire.*

54 Toutes les marnes contiennent-elles la même quantité de calcaire?

— *Elles sont plus ou moins argileuses, quelquefois sablonneuses.*

55 Lorsqu'on trouve des marnes de différentes compositions, lesquelles doit-on préférer?

— *D'abord, il faut choisir les plus cal-*

caires ; puis mettre celles qui sont argileuses dans les terres sablonneuses et celles qui contiennent du sable dans les terres argileuses.

56 Les sables calcaires qui contiennent une grande quantité de petits coquillages peuvent-ils être employés comme amendements ?

— *Ils sont ordinairement très-fertilisants.*

57 Quelle quantité de marne doit-on employer par hectare ?

— *En moyenne, de 60 à 80 mètres cubes.*

58 Quels sont les avantages de la chaux vive ?

— *Elle est facile à employer et il n'est besoin que d'une très-faible quantité pour améliorer une grande étendue de terre.*

59 Quelle quantité de chaux emploie-t-on
par hectare ?

— *Environ 50 hectolitres.*

60 Dans quelles terres convient-elle ?

— *Partout où le sol ne contient pas
de calcaire ou n'en contient qu'en
petite quantité ;*
Dans les terres tourbeuses ;
*Dans les terres nouvellement défri-
chées.*

61 Quelles sont les plantes qui en éprouvent
les meilleurs effets ?

— *Les trèfles et presque toutes les
autres plantes dites de la famille des
légumineuses.*

62 Les marnes et la chaux dispensent-elles
de fumer ?

— *Elles sont de précieux amendements ;
elles aident puissamment à l'action
des engrais, mais elles ne dispensent*

pas de fumer et épuiseraient le sol si l'on en abusait.

63 Comment emploie-t-on la chaux ?

— *On peut la déposer en petits tas sur le champ où elle doit être employée ; Ou bien on la met en gros tas avec des gazons, puis on la mélange, et ensuite on l'étend sur le sol lorsqu'elle est éteinte.*

64 Comment l'enterre-t-on ?

— *Par un très-léger labour.*

65 Quelle est la chaux que l'on doit préférer ?

— *Celle qui est blanche et légère, parce qu'elle est ordinairement plus pure que celle qui est dure et pesante.*

66 Comment doit-on employer le plâtre ?

— *En poudre fine, et principalement sur les feuilles des plantes de la fa-*

mille des légumineuses, lorsqu'elles commencent à couvrir le sol.

67 En quelle proportion ?

— *Trois à quatre hectolitres par hectare.*

68 Doit-il être cuit ou non cuit ?

— *Il agit des deux manières; mais comme il est plus cher lorsqu'il a été cuit, on l'emploie généralement sans le faire cuire.*

69 L'action du plâtre est-elle la même sur tous les terrains ?

— *Ses effets sont fort remarquables sur certaines terres et nuls sur d'autres.*

70 Qu'est-ce que le noir animal ?

— *C'est un résidu provenant des raffineries de sucre et composé en partie de charbon d'os.*

71 Dans quelles terres convient-il?

— *Surtout sur les défrichements.*

72 Les cendres ne conviennent-elles pas aussi sur ces sortes de terres?

— *Elles produisent de très-bons effets dans les terres légères, sur les trèfles, sur les prairies.*

AMÉLIORATION DU SOL AU MOYEN DES ENGRAIS.

73 Les engrais nutritifs sont-ils tous de même espèce?

— *Ils sont végétaux, animaux ou composés de matières végétales et animales.*

74 Qu'entendez-vous par engrais végétaux?

— *Des récoltes enfouies en vert, des*

terreaux de feuilles ou d'autre
plantes.

75 Quelles sont les plantes qui conviennen[t]
pour les enfouissements?

— *Celles qui sont peu exigeantes, dont*
la racine est d'un prix peu élevé
et dont la végétation est très-ra-
pide : sarrasin, moutarde, colza, etc.

76 A quelle époque doit-on les enfouir?

— *Lorsqu'elles sont en pleine fleur.*

77 Les enfouissements végétaux pourraient-
ils suffire à l'engraissement des terres?

— *Ils ne peuvent être considérés qu[e]*
comme engrais accessoires.

78 Dans quelles terres conviennent-ils?

— *Dans les sols légers et chauds.*

79 Les engrais animaux sont-ils préférable[s]
aux engrais végétaux?

— *Ils contiennent plus de matières nutritives, agissent plus promptement et plus énergiquement.*

80 Citez quelques engrais animaux?

— *Les chairs, les cornes, les chiffons de laine, les poudrettes, le guano, etc.*

81 Qu'entend-on par fumiers proprement dits ?

— *Le mélange des excréments des animaux avec les pailles des céréales ou d'autres végétaux employés comme litière.*

82 Sont-ils d'un emploi avantageux?

— *Ce sont ceux qui sont les plus utiles, les plus économiques, qui améliorent le plus le sol, et dont on doit augmenter la quantité par tous les moyens possibles.*

83 Comment en augmenter la quantité et la qualité?

— *Faire une grande quantité de fourrages, de racines, pour nourrir abondamment à l'étable beaucoup de bétail.*

84 Les fumiers d'étables sont-ils tous de même qualité?

— *Ils sont plus ou moins actifs; ceux des chevaux et des bêtes à laine sont bien plus chauds que ceux des bêtes à cornes.*

85 Le fumier des mêmes animaux ne peut-il pas être plus ou moins bon?

— *Le bétail qui reçoit une nourriture abondante et substantielle produit du fumier de meilleure qualité que celui qui est mal nourri.*

86 Comment doit-on traiter les fumiers d'étables?

— Les disposer en tas sur une plate-forme qui permette d'en recueillir le jus, de les arroser lorsqu'ils sont trop secs et de les entretenir dans un état d'humidité suffisante pour que la fermentation s'y opère convenablement.

87 N'est-il pas bon de mélanger les fumiers des différentes espèces d'animaux?

— Pour les terres ordinaires, les fumiers mélangés sont les meilleurs.

88 Pour les terres trop humides ou trop sèches, ne serait-il pas convenable de séparer les fumiers?

— Les fumiers chauds de cheval, de mouton, sont les meilleurs pour les terres argileuses. Les fumiers des bêtes à cornes sont préférables pour les terres sablonneuses et sèches.

89 Comment doit-on employer le jus qui a

été recueilli autour des fumiers et le purin qui s'échappe des étables?

— Ces engrais liquides conviennent très-bien aux prairies naturelles et aux prairies artificielles. On peut aussi en arroser les terres destinées à porter des plantes sarclées.

90 Ne conviennent-ils pas aux céréales?

— Ils y produiraient une belle végétation; mais comme ils ne sont pas toujours répandus uniformément, elle ne serait pas égale, et, en outre, ces récoltes seraient exposées à verser.

91 Doit-on attendre que les fumiers soient bien consommés pour les conduire dans les champs?

— Aussitôt qu'ils ont subi une première fermentation, il est avantageux de les enfouir dans le sol.

92 Les fumiers consommés ne sont-ils pas les meilleurs?

— Ils sont très-bons, mais pour les laisser arriver à cet état, il y a une perte considérable de principes fertilisants.

INSTRUMENTS.

93 Quels sont les instruments que l'on emploie le plus généralement pour cultiver le sol?

— Les charrues,
— Les fouilleuses,
— Les herses,
— Les extirpateurs,
— Les houes à cheval,
— Les rouleaux,
— Les semoirs, etc.

94 N'emploie-t-on pas encore des machines
pour la préparation des produits ?

— *Les machines à battre, les pressoirs,
les moulins sont encore employés
avec grand avantage en agriculture.*

95 Doit-on multiplier les instruments de
culture ?

— *Une trop grande quantité d'instruments serait ruineuse pour la petite
culture ; mais il y a toujours profit
à se servir des plus parfaits.*

96 Quel but doit-on se proposer d'atteindre
avec les instruments perfectionnés ?

— *Faire le travail plus économiquement , plus complètement, plus rapidement et avec moins de fatigue.*

97 Quel travail doit exécuter une bonne
charrue ?

— *La bande de terre doit être détachée
parallèlement à la superficie du sol*

et verticalement de manière à former un angle droit avec le côté non labouré.

98 Quelles dispositions doit-on donner à la charrue pour qu'elle fasse convenablement ce travail ?

— *Le soc doit être plat et tranchant de manière à couper la bande horizontalement. Le coutre doit trancher verticalement la bande de terre et le versoir la retourner sur le côté de manière à ce qu'elle repose sur une de ses arêtes.*

99 Les charrues sans avant-train sont-elles meilleures que les charrues placées sur un avant-train ?

— *En général les charrues sans avant-train ont une grande supériorité. Elles exigent moins de force, parce que le tirage est plus direct ; elles se prêtent mieux à la volonté du con-*

ducteur, elles sont plus solides et d'un prix moins élevé.

100 Les charrues sans avant-train sont-elles plus difficiles à conduire que les charrues placées sur un avant-train?

— *Les charrues sans avant-train se conduisent aussi facilement, tournent plus aisément au bout de la raie, labourent mieux les terrains inégaux ; mais elles ne souffrent pas de médiocrité dans leur construction.*

101 Quels sont les défauts les plus saillants de l'ancienne charrue bretonne ?

— *Le soc rond et non tranchant déchire la terre au lieu de la couper. Son versoir long et non contourné exige un énorme tirage pour renverser imparfaitement la bande de terre. Le coutre placé obliquement laisse à chaque raie une petite partie du sol non labourée.*

102 Pourquoi, malgré ces inconvénients, grand nombre d'agriculteurs n'adoptent-ils pas les araires ou charrues sans avant-train ?

— Habitués à se servir de l'ancienne charrue, ils n'ont pas voulu faire un nouvel apprentissage, et lorsqu'ils ont tenté quelques essais, les araires placées entre les mains de laboureurs qui n'en voulaient pas se sont trouvées dans les plus mauvaises conditions.

103 La charrue perfectionnée, placée sur l'ancien avant-train, est-elle un bon instrument ?

— Les parties principales étant les mêmes que celles des araires, le travail est à peu près le même aussi, mais l'énorme avant-train sur lequel on les a montées est une gêne qu'il serait bon d'éviter.

104 Quelles sont les principales conditions d'un bon labour ?

— *La bande de terre doit être assez renversée pour que les herbes, les engrais qui se trouvent à la surface soient entièrement recouverts.*

105 Pourquoi la bande de terre ne doit-elle pas être entièrement retournée ?

— *Si la bande de terre était entièrement retournée, elle serait appuyée dans toutes ses parties et serait difficile à attaquer par les dents des herses et par les rouleaux ; puis, si la charrue avait enlevé une partie du sous-sol, il se trouverait à la surface sans aucun mélange.*

106 Comment doit donc être placée cette bande ?

— *Sur le côté, appuyée sur une des arêtes. Cette disposition permet aux herses de déchirer les arêtes qui se trouvent en dessus, et si le sous-sol a été attaqué, il se trouve mélangé à la couche arable par l'action du hersage.*

107 La régularité du labour est-elle indispensable ?

— *Si les bandes sont plus ou moins larges, si elles sont plus ou moins épaisses, si elles sont tortueuses, la surface du sol est inégale aussi ; toute la terre n'est pas labourée ; les irrégularités permettent à l'eau de séjourner, les semailles se font mal, les instruments ne fonctionnent pas bien, et tous les autres travaux se ressentent de cette défectuosité.*

108 Les labours doivent-ils être profonds ?

— *Il faut, autant que possible, labourer profondément.*

109 Pourquoi dites-vous *autant que possible ?*

— Parce qu'il serait dangereux d'approfondir tout d'un coup une terre dont le sous-sol serait de mauvaise qualité, ou bien encore de remuer une grande quantité de terre maigre, si l'on n'avait qu'une faible quantité de fumier à y mettre.

110 Comment doit-on faire?

— Prendre graduellement un peu plus de profondeur à chaque culture de plantes sarclées, et à mesure que les fumiers augmentent.

111 N'y a-t-il pas des exceptions à ce système de prudence?

— Les terrains d'alluvion, ceux dont le sous-sol est de même nature que le sol, ceux où l'on trouve dans la couche inférieure un élément qui manque à la terre labourable, peuvent être labourés profondément, et même il y a grand'avantage à le faire.

112 Les labours à plat, en planches de 3 à 4 mètres ou en petits billons d'un mètre, sont-ils également bons?

— *Les labours à plat sont les meilleurs, parce que toute la surface du sol est labourée et que les instruments de toute nature y fonctionnent mieux.*

113 Pourquoi ne les adopte-t-on pas partout?

— *Parce que, dans les terres très-humides, il serait difficile de faire écouler l'eau, qui noierait les récoltes.*

114 Que pensez-vous des planches ou gros billons?

— *Elles ont une partie des avantages du labour à plat; puis, lorsque les raies qui les séparent sont bien curées au moyen du buttoir, elles donnent suffisamment écoulement à l'eau.*

115 Que pensez-vous du labour en petits billons ?

— *Il laisse au milieu de chaque billon une partie non labourée.*

Il rassemble sur un point toute la terre végétale et en dégarnit entièrement un autre.

L'eau qui se trouve dans chaque raie remonte plus facilement à la surface.

Les gelées ont plus de prise sur les récoltes. Enfin, les instruments perfectionnés ne peuvent convenablement y fonctionner, et il faut faire une partie des travaux à bras.

116 Les petits billons ne peuvent-ils pas quelquefois être utiles?

— *Dans les sols très-peu profonds dont on ne peut entamer le sous-sol et où il n'y aurait pas assez de terre pour qu'une récolte pût y réussir.*

Ces sortes de terres, du reste, ne valent

pas la peine d'être cultivées, et il vaut mieux les semer en bois.

117 Pourquoi les petits billons ont-ils été si généralement adoptés ?

— *Parce que le labour est plus rapide; parce que si on fait tous les travaux d'ameublissement à la main, il est plus facile d'attaquer les bandes relevées qui les composent ; parce qu'enfin, la charrue remuant une très-faible quantité de terre, il est besoin de moins de force de tirage.*

118 Comment disparaîtra ce mauvais labour?

— *Il a déjà considérablement diminué, et nous pouvons assurer qu'il disparaîtra entièrement avec l'introduction des bons instruments et les perfectionnements de la culture.*

119 Les charrues n'ont-elles pas quelquefois deux versoirs?

— Les charrues à deux versoirs sont des buttoirs qui servent à tirer les raies d'écoulement et à butter les pommes de terre, les choux, etc.

120 Ces buttoirs doivent-ils être construits d'après les mêmes principes que les charrues ?

— N'étant destinés qu'à remuer de la terre déjà labourée et à la relever des deux côtés, les versoirs doivent être moins contournés que ceux des charrues.

121 Le soc du buttoir doit-il être plat et tranchant comme celui de la charrue ?

— Cela n'est pas nécessaire et serait plus nuisible qu'utile. La raie faite par le buttoir ayant la forme d'un V, le soc doit être étroit et les versoirs relevés à leur extrémité.

122 A quoi servent les fouilleuses ?

— Elles sont destinées à passer derrière la charrue où elles remuent une seconde couche de terre sans la ramener à la surface.

123 Quel effet produit ce travail ?

— La terre ainsi défoncée est plus perméable à l'eau. Le drainage y produit un meilleur effet; les racines des plantes peuvent pénétrer plus profondément.

124 Quel travail font les herses ?

— Elles exécutent dans la grande culture ceux qu'on fait au râteau dans le jardinage. Elles ameublissent le sol à la surface et servent à enterrer les semences.

125 Comment les dents des herses doivent-elles être disposées ?

— Elles doivent être assez longues et assez écartées les unes des autres

pour que les herbes et les mottes ne s'y engagent pas. Cependant elles doivent tracer des lignes très-rapprochées les unes des autres.

126 Comment obtient-on ce résultat?

— *Prenons par exemple la herse Valcourt qui forme un losange ; en plaçant la ligne de tirage sur un des côtés, celui qui est obtus, nous rapprocherons les lignes tracées par les dents qui seront cependant très-écartées sur le bâti de la herse.*

127 Les extirpateurs sont-ils, comme leur nom semblerait l'indiquer, des instruments faits pour arracher ou extirper les racines ?

— *Ce sont en quelque sorte des herses à très-fortes dents, destinées à remuer superficiellement le sol ; ils conviennent bien pour ameublir des terres labourées depuis longtemps et qu'on ne veut pas labourer de nouveau. Ils ne sont point faits pour extirper les racines.*

128 Les extirpateurs sont-ils tous de même forme ?

— *Les uns ont des pieds très-larges, les autres des espèces de dents aplaties des bouts, enfin quelques-uns sont munis de petits socs.*

129 Ces différentes dispositions s'appliquent-elles plus particulièrement à tel ou tel terrain ?

—*En général, les extirpateurs à larges pieds conviennent dans les sols légers ; ceux qui ont des dents fortes et seulement aplaties fonctionnent mieux dans les terres argileuses.*

130 Qu'est-ce que la houe à cheval ?

— *Une espèce de herse très-légère, à pieds droits ou recourbés et tran-*

chants, s'ouvrant et se rétrécissant à volonté.

131 Quel travail doit-elle faire ?

— Attelée d'un seul cheval, elle est destinée à couper et arracher les mauvaises herbes qui lèvent entre les lignes des plantes sarclées.

132 A quoi servent les rouleaux ?

— A écraser les mottes après le labour et à dresser la surface du sol. Ils peuvent aussi enterrer les graines fines.

133 Sont-ils tous de même forme ?

— Les plus simples sont des cylindres en bois ; ceux qui sont composés de disques en fonte comme le rouleau Crosskill, sont les plus énergiques. Il faut qu'ils ne soient pas trop longs, et leur diamètre ne doit pas non plus être trop petit.

134 Les rouleaux ont-ils une grande utilité en agriculture ?

— *Sans ces instruments, nous serions réduits à briser les mottes à la main, comme on le fait encore dans quelques contrées où l'agriculture est peu avancée. Le rouleau fait le travail plus économiquement qu'à la main.*

135 Quels sont les soins généraux qu'exigent les instruments ?

— *Ils doivent toujours être tenus en bon état, réparés aussitôt qu'ils sont rentrés du travail, de manière à ce qu'ils puissent repartir quand on en a besoin.*

136 Lorsqu'on essaie un instrument pour la première fois, ne faut-il pas prendre quelques précautions ?

— *Il faut d'abord bien l'examiner pour le comprendre dans toutes ses par-*

ties , en faire l'essai soi-même et ne pas se rebuter au premier échec.

CULTURE DES PLANTES.

CÉRÉALES.

137 Qu'entend-on par céréales ?

— *Le froment, le seigle, l'orge, l'avoine.*

138 A quelle famille appartiennent-elles ?

— *A la famille des graminées dont les feuilles sont engaînantes, les tiges entrecoupées de nœuds et les fleurs enveloppées dans des balles ou écailles.*

139 Quelles sont les terres qui conviennent à la culture du froment ?

— *Les terres argileuses, surtout lorsqu'elles contiennent une petite quantité de calcaire.*

Il réussit assez mal dans les terres nouvellement défrichées.

140 Après quelle culture convient-il de le placer ?

— Sur un trèfle d'un an rompu par un seul labour.

Après les vesces, les fèves, les pois, le sarrasin, mais jamais après une autre céréale. Il veut une terre ameublie profondément, mais ferme.

141 Quelle est la quantité de semence qu'on doit employer par hectare ?

— Elle varie beaucoup, suivant l'époque de la semaille.

En octobre, un hectolitre et demi ; au commencement de novembre, deux hectolitres, et fin novembre, de deux hectolitres et demi à trois.

142 Est-il avantageux de semer de bonne heure ?

— Les semailles précoces sont presque toujours les plus avantageuses, le froment semé clair et de bonne heure a le temps de s'enraciner et de produire de beaux épis au printemps.

143 Comment recouvre-t-on le froment?

— A la charrue ou à la herse; mais la herse est préférable.

144 Convient-il de fumer le froment?

— Lorsqu'on le sème en terre maigre, on ne peut se dispenser de le fumer; mais on obtient de bien plus belles récoltes lorsque les engrais ont été appliqués aux cultures précédentes.

145 N'a-t-on pas employé des machines pour semer?

— Les semoirs sont encore peu répandus; cependant leur emploi présente de grands avantages.

146 Quels sont-ils ?

— *Economie de semence , répartition bien exacte du grain, enfouissement à la même profondeur , facilité de sarcler entre les lignes, récoltes plus abondantes et grains mieux nourris.*

147 Aussitôt qu'un champ est semé en froment, que doit-on faire ?

— *Tirer les raies d'écoulement, curer les raies qui séparent les planches, et donner issue à l'eau par tous les moyens possibles.*

148 Le froment n'est-il pas attaqué par grand nombre de maladies ?

— *Le charbon, la rouille, la carie, vulgairement nommée* bouton.

149 Quels sont les moyens de les éviter ou de les combattre ?

— *Il n'est guère dans notre pouvoir d'éviter les deux premières ; mais le chaulage au moyen de la chaux et du sulfate de soude est un remède assuré contre la carie.*

150 Le froment exige-t-il des soins pendant sa végétation.

— *Au printemps, un coup de rouleau et un trait de herse sont très-nécessaires, ensuite des sarclages.*

151 Quels effets produisent ces travaux ?

— *Le rouleau brise les petites mottes qui sont ensuite divisées par la herse et rechaussent le froment.*

La terre ameublie est plus accessible à l'air, à la rosée, et les racines coronales se développent plus facilement.

Les herbes naissantes sont aussi détruites par le hersage.

152 Lorsque le froment est trop vigoureux au printemps, que doit-on faire ?

— Epointer les feuilles à la faux ou à la faucille, ou encore le faire légèrement tondre par les moutons.

153 A quelle époque doit-on couper le froment ?

— Lorsque le grain est dur comme de la cire et que la paille est jaune.

154 Le froment destiné à faire du pain doit-il être récolté en même temps que celui qu'on réserve pour semence ?

— Celui que l'on récolte quelques jours avant sa complète maturité convient mieux pour la fabrication du pain que celui qui est trop mûr.
Pour semence, il doit avoir acquis toutes ses qualités et être entièrement mûr.

155 Comment récolte-t-on le froment ?

— A la faucille , à la faux , et même avec des machines. La faux est maintenant le meilleur moyen et le plus

rapide ; lorsque nous aurons de bonnes machines, elles seront encore plus expéditives.

156 Faut-il couper au ras de la terre, ou laisser du chaume ?

— *En coupant par le pied on évite un second travail, on perd moins de paille, on ne laisse pas mûrir les mauvaises graines, et on peut immédiatement disposer du sol pour faire des navets, du colza, etc.*

157 Est-il avantageux de battre les grains aussitôt après la récolte ?

— *Lorsqu'on peut disposer de granges ou de hangars, il est préférable d'attendre l'hiver pour exécuter ce travail.*

158 Quels sont les avantages de cette méthode ?

— *Les grains qui ont achevé leur ma-*

turité dans la paille sont de meilleure qualité.

Les animaux préfèrent la paille fraîche battue.

En battant pendant l'hiver, on occupe des ouvriers qui n'auraient rien à faire, et on a pu profiter des belles journées d'été pour exécuter des travaux très-utiles.

159 Quels sont les avantages des machines à battre ?

— Elles battent plus net que le fléau, le grain est plus propre, la paille est meilleure, on ne craint pas autant d'être surpris par les orages, le travail se fait beaucoup plus promptement et avec moins de fatigue pour les hommes.

160 Ne sème-t-on pas aussi du froment au printemps.

— Le froment de printemps est une

espèce précieuse pour utiliser les terrains qui ne peuvent être semés avant l'hiver, et en général il réussit mieux après les plantes sarclées que le froment semé en automne.

161 A quelle époque convient-il de le semer ?

— *Le plus tôt possible, aussitôt que la terre est bien ressuyée, fin de février et commencement de mars.*

162 Ne doit-on pas le semer plus épais que le froment d'hiver ?

— *Comme il n'a pas autant de temps pour s'enraciner et taler, il faut un peu plus de semence.*

163 Les hersages lui sont-ils nécessaires ?

— *Lorsqu'il est bien levé, un léger trait de herse lui est très-favorable, parce qu'il détruit les mauvaises herbes qui ont levé avec le froment et qui sont moins enracinées.*

164 Peut-on semer du trèfle dans le froment de printemps ?

— *Il y réussit très-bien. Comme il se-rait trop tôt de le semer en même temps que le froment, on profite, pour enterrer la graine, du hersage dont nous venons de parler.*

165 Quel est le sol qui convient au seigle ?

— *Les terres légères et sablonneuses. Il ne craint pas les terrains nouvel-lement défrichés et réussit bien dans les terres de landes.*

166 Le grain du seigle a-t-il une grande va-leur ?

— *Il est d'un prix beaucoup moins élevé que le froment, et cependant, mélangé à ce dernier grain, il fait un pain nourrissant et d'une facile digestion.*

167 La culture du seigle est-elle très-répan-due ?

— Elle diminue chaque jour; à mesure que l'agriculture fait des progrès, on relègue le seigle dans les terres trop maigres ou trop légères pour porter du froment.

168 Quelle est la préparation qui lui convient ?

— Il réussit bien après sarrasin et après toutes les récoltes qui laissent la terre très-meuble.

169 Viendrait-il, comme le froment, sur un trèfle rompu par un seul labour ?

— Après un trèfle, il vaut mieux semer du froment, le seigle voulant une terre plus ameublie.

170 A quelle époque le sème-t-on ?

— Un peu avant le froment et toujours, autant que possible, par un beau temps.

171 Au printemps exige-t-il les mêmes soins que le froment ?

— *Les hersages et le coup de rouleau ne lui sont pas aussi indispensables ; cependant, ils lui sont très-profitables.*

172 A quelle époque coupe-t-on le seigle ?
— *Avant le froment, lorsque la paille blanchit et que les nœuds ont entièrement perdu leur couleur verte.*

173 Ne sème-t-on pas quelquefois du seigle et du froment mélangés ?

— *Ce mélange, connu sous le nom de méteil, a été fort en usage ; mais il disparaît chaque jour.*

174 La paille de seigle est-elle de bonne qualité ?

— *Comme nourriture du bétail, c'est la moins bonne. Pour faire des toits, des liens, des paillassons, des sièges de chaises, elle est la meilleure et la plus recherchée.*

175 Le seigle n'est-il pas semé aussi pour être fauché en vert ?

— *Quoique ce fourrage ne soit pas très-substantiel, il est précieux au printemps pour succéder aux fourrages de navets de colza qui ne pourraient aller jusqu'à la première coupe des trèfles.*

176 Quelles sont les terres qui conviennent à l'orge ?

— *Les sols profonds, frais et substantiels.*

177 Peut-on la semer dans les terres nouvellement défrichées ?

— *Elle redoute encore plus que le froment les terrains qui contiennent de l'humus acide ou astringent et ceux qui sont mal égouttés.*

178 Compte-t-on grand nombre d'espèces d'orges ?

— *On cultive des orges à deux, à quatre et à six rangs ; mais elles exigent toutes le même sol et les mêmes soins.*

179 Quelle préparation doit-on faire pour l'orge ?

— *Elle veut un sol bien ameubli et bien engraissé. C'est surtout après les récoltes sarclées qu'il convient de la placer.*

180. A quelle époque sème-t-on ?

— *Les orges d'hiver se sèment dans le courant de septembre et dans les premiers jours d'octobre.*
Les orges de printemps, de mars en avril.

181 La culture de l'orge d'hiver est-elle bien répandue ?

— *Beaucoup moins que celle de printemps.*

182 Sème-t-on dans toutes les terres à la même époque ?

— *Dans les sols légers et chauds, on sème de bonne heure, en mars. Dans les terres argileuses et froides, un peu plus tard, en avril.*

183 Quelle quantité de semence emploie-t-on par hectare ?

— *Comme pour le froment, comme pour le seigle et tous les grains, la quantité varie suivant l'état du sol. En terre bien préparée, un hectolitre et demi par hectare donne une meilleure récolte que deux hectolitres et demi dans un sol en mauvais état.*

184 A quelle époque doit-on couper l'orge ?

— *Lorsque la paille est jaune et que les épis s'abaissent vers la terre. Dans quelques espèces, la paille est très-fragile à la base de l'épi, et si on les laisse trop mûrir , on en perd beaucoup.*

185 Ne sème-t-on pas aussi quelquefois des orges d'hiver pour fourrages de prin-temps ?

— *Ce fourrage est plus substantiel que le seigle, mais ce dernier est plus rustique et moins exigeant.*

186 Quel est le sol qui convient à l'avoine ?

— *C'est la plus vigoureuse de toutes les céréales. Elle vient dans tous les terrains ; cependant, elle préfère les terres un peu argileuses.*

187 Après quelles récoltes doit-on placer l'avoine ?

— *Elle réussit après toute espèce de culture ; mais il faut éviter avec soin de la mettre après une autre céréale. Sur une prairie naturelle ou artifi-cielle rompue par un seul labour,*

elle donne ordinairement un très-
bon produit.

188 La méthode si répandue de semer l'a-
voine après froment n'est-elle pas dé-
sastreuse ?

— *C'est la plus mauvaise culture qu'on*
puisse faire. L'avoine étant très-vi-
goureuse, prend le peu qui reste dans
le sol et permet aux mauvaises herbes
de se propager à l'infini.

189 A quelle époque sème-t-on l'avoine ?

— *Les avoines d'hiver, de septembre*
en octobre ; celles de printemps, de
février en mars.

190 Quelle quantité de semence emploie-t-on
par hectare ?

— *De deux à deux hectolitres et demi,*
suivant l'époque et l'état du sol.

191 Quels soins doit-on lui donner pendant
la végétation ?

— Trait de herse et coup de rouleau, et comme pour les autres céréales, des sarclages.

192 A quelle époque coupe-t-on?

— Lorsque la paille jaunit et que les nœuds sont encore un peu verts.

193 Pourquoi coupe-t-on avant la complète maturité.

— Parce que l'avoine s'égraine très-facilement lorsqu'elle est trop mûre, et qu'elle achève de mûrir en javelles sur le sol.

194 N'est-il pas bon que l'avoine coupée reçoive un peu de pluie?

— Elle se bat mieux et le grain est de meilleure qualité; mais il ne faut pas exagérer la méthode du javelage, comme cela se pratique quelquefois.

195 La paille d'avoine est-elle de bonne qualité?

— *C'est une des meilleures pour la nourriture du bétail à cornes.*

196 La culture de l'avoine est-elle avantageuse ?

— *C'est une des céréales les plus productives, qui n'épuise pas plus le sol que lès autres quand elle est bien placée dans l'assolement, et dont le grain se vend toujours très-facilement.*

197 Le sarrasin doit-il être considéré comme une céréale ?

— *Quoique son grain soit employé aux mêmes usages, il ne doit pas être classé parmi les céréales, car il appartient à une tout autre famille.*

198 Quelles sont les terres qui lui conviennent?

— *Les sols légers et meubles.*

Dans les terres de landes et nouvellement défrichées, c'est souvent le meilleur et le seul produit qu'on puisse obtenir.

199 Quels sont les engrais qui lui conviennent ?

— *Il est peu exigeant ; il s'arrange de tous les fumiers, et comme sa végétation est très-rapide, les engrais en poudre lui conviennent surtout.*

200 Après quelles récoltes doit-on le placer ?

— *Il réussit après toutes les récoltes, et forme une très-bonne préparation pour les céréales.*

201 Quel travail doit-on donner au sol pour le sarrasin ?

— *Deux ou trois labours, des hersages, roulages, jusqu'à ce que la terre soit très-meuble.*

202 A quelle époque sème-t-on?

— *Fin de mai, première quinzaine de juin et même jusqu'à la fin de ce mois.*

203 Quelle quantité de semence emploie-t-on par hectare?

— *Les semailles claires sont les meilleures, un hectolitre au plus.*

204 N'existe-t-il pas une espèce de sarrasin qu'on peut semer plus tôt ou plus tard?

— *Le sarrasin de Tartarie craint moins les petites gelées; on peut donc le semer dès le commencement de mai et jusqu'en juillet.*

205 Le grain est-il de bonne qualité?

— *Il est moins estimé que le sarrasin commun, et ne peut guère convenir que pour les bestiaux. Ses grains ont l'inconvénient de se conserver dans le sol et de relever dans les récoltes de printemps qui suivent.*

206 A quelle époque récolte-t-on le sarrasin?

— La maturité du sarrasin est très-inégale. On le coupe lorsque la majeure partie des grains sont noirs. Si l'on attendait la complète maturité, on en perdrait une grande partie.

207 A quel usage peut-on employer la paille de sarrasin ?

— Elle fait de très-bonne litière.

PLANTES SARCLÉES.

208 Qu'entend-on par plantes sarclées ?

— Celles dont la culture exige des sarclages et des binages. Ce sont principalement les racines cultivées pour la nourriture des animaux.

209 Quelle est leur utilité ?

— *Les plantes sarclées doivent tenir une large place dans l'assolement. Elles nettoyent le sol, forcent à bien le préparer, forment la base de la nourriture du bétail pendant l'hiver et augmentent la quantité et la qualité du fumier.*

210 Citez les plantes sarclées le plus généralement cultivées ?

— *Les pommes de terre,*
— *Les betteraves,*
— *Les carottes et panais,*
— *Les navets, rutabagas, choux-navets,*
— *Les choux.*

211 Quelles sont les terres qui conviennent à la pomme de terre ?

— *Elle réussit à peu près dans tous les terrains ; mais son produit est de meilleure qualité dans les sols légers.*

212 Quels sont les engrais qui lui conviennent ?

— *Sa végétation étant très-vigoureuse, elle s'accommode de tous les fumiers et même de ceux dont la décomposition est la plus difficile.*

213 Après quelles récoltes doit-on placer les pommes de terre ?

— *Elles réussissent très-bien sur une prairie naturelle ou artificielle rompue par un seul labour et après toutes les récoltes.*

214 Quelle doit être sa place dans l'assolement ?

— *Comme toutes les plantes sarclées, elle doit être placée au commencement, sur les terres les plus malpropres, qu'elle nettoient.*

215 Convient-il de la fumer fortement ?

— Les pommes de terre et les autres racines sarclées doivent recevoir la fumure qui profitera ensuite aux autres plantes de la rotation.

216 Après une céréale, quels travaux doit-on faire pour préparer le sol destiné aux pommes de terre ?

— Un labour d'automne, deux de printemps, puis des hersages et roulages.

217 Après une récolte dérobée de fourrages printaniers, tels que navets, colza, seigle, est-il besoin de plusieurs labours ?

— Un seul suffit.

218 A quelle époque plante-t-on les pommes de terre ?

— De mars en mai. D'abord dans les terres légères, et ensuite dans les terres argileuses.

219 Comment les plante-t-on ?

*— Ordinairement sous raies, quelque-
fois dans des lignes tracées par le
buttoir, lorsque la terre est très-meuble.*

220 Comment les espace-t-on ?

*— On laisse deux raies vides et on
plante dans la troisième pour les espèces tardives ; pour les espèces précoces, on les met de deux raies l'une.*

221 Comment doit-on disposer les tubercules
dans la raie ?

*— Il faut les mettre au milieu de la
bande de terre retournée par la
charrue. Par ce moyen, ils se trouvent dans la terre meuble, et dans
les terres humides, l'eau ne peut les
atteindre.*

222 Doit-on planter de grosses ou de petites
pommes de terre ?

— Les moyennes et les grosses coupées donnent de plus beaux produits que les petites.

223 Après la plantation , que doit-on faire ?

— Herser et rouler, s'il y a des mottes.

224 Quels soins les pommes de terre exigent-elles pendant la végétation ?

— Un fort hersage à l'instant où leurs tiges percent la terre. Ensuite des binages énergiques et des sarclages fréquents, puis le buttage avant la floraison.

225 Peut-on couper les feuilles des pommes de terre pour les donner au bétail ?

— Outre qu'elles sont de mauvaise nourriture pour les animaux, en les enlevant, on diminue considérablement la récolte.

226 A quelle époque doit-on arracher les pommes de terre ?

— *Lorsque les tiges et les feuilles sont sèches.*

227 Comment les arrache-t-on ?

— *Avec le buttoir que l'on fait passer sous les lignes, en prenant d'abord de deux l'une.*

228 Comment conserve-t-on les pommes de terre ?

— *Dans les silos, dans les celliers; mais il faut toujours avoir grand soin de les mettre dans un lieu obscur et à l'abri du froid.*

229 Si elles étaient en contact avec la lumière, qu'arriverait-il ?

— *Elles verdiraient, prendraient un mauvais goût et pourraient devenir nuisibles.*

230 A quoi servent les pommes de terre ?

— *Elles sont une précieuse nourriture pour l'homme; on les donne aux animaux et on peut en faire de la fécule, espèce de farine très-nourrissante aussi.*

231 A quel usage emploie-t-on les betteraves ?

— *Elles peuvent servir de base pour la nourriture du bétail pendant l'hiver; on en extrait aussi du sucre et de l'alcool.*

232 Quelles sont les espèces les plus cultivées?

— *Les roses, dites disettes, sont les plus rustiques, mais elles sont moins nourrissantes que les autres espèces. Les globe-jaunes conviennent bien pour la nourriture du bétail, et les blanches sont préférées pour les sucreries et pour les distilleries.*

233 Quels sont les sols qui conviennent aux betteraves ?

— *Les terres argileuses et profondes.*

234 Quelle préparation doit-on faire subir aux terrains destinés à recevoir des betteraves ?

— *Il faut les ameublir par deux ou trois labours d'automne et de printemps et par des hersages.*

235 Quand faut-il mettre le fumier ?

— *Partie en automne, au premier labour, puis le reste dans les billons, à l'époque de la semaille ou de la plantation.*

236 Comment sème-t-on ?

— *De deux manières : en pépinière, pour transplanter ensuite, ou à demeure.*

237 A quelle époque fait-on les semis ?

— *En mars ou en avril, pour replanter en mai ou au commencement de juin.*

238 Comment les fait-on?

— *En lignes espacées de 25 à 30 centimètres, sur un sol profondément bêché et très-fortement fumé, car il est important que le plant pousse vigoureusement.*

239 A quelle distance transplante-t-on?

— *Sur petits ados de deux bandes, à 80 centimètres, et à 50 centimètres sur la ligne.*

240 Quand doit-on semer sur place?

— *En avril et même jusqu'en mai.*

241 Comment fait-on les ados ou petits billons sur lesquels on sème ou on plante les betteraves?

— *On fait d'abord ces billons de deux*

raies, puis on remplit le sillon de fumier. On refend ensuite les billons de manière à recouvrir le fumier qui se trouve ainsi au milieu du billon.

242 Quels soins doit-on donner aux betteraves ?

— *Lorsqu'elles ont trois ou quatre feuilles, on les éclaircit ; puis on les bine et on les sarcle de manière à ce que la terre soit toujours meuble et bien propre.*

243 Doit-on effeuiller les betteraves ?

— *L'effeuillage est toujours très-nuisible à la plante, et les feuilles sont une mauvaise nourriture pour le bétail.*

244 A quelle époque récolte-t-on les betteraves ?

— *En octobre.*

245 Comment les conserve-t-on ?

    — *Dans les celliers, et encore mieux en silos.*

246 Quelles sont les terres qui conviennent à la culture des carottes et des panais ?

    — *Les sols légers et profonds.*

247 Comment doit-on préparer la terre ?

    — *Comme pour les betteraves.*

248 Sème-t-on les carottes sur place ou en pépinière ?

    — *Elles doivent toujours être semées à demeure, en lignes un peu plus rapprochées que celles des betteraves. La graine doit être moins recouverte.*

249 Quels soins faut-il donner aux carottes pendant leur végétation ?

    — *Après les avoir éclaircies, elles doivent être binées et sarclées comme les betteraves.*

250 A quelle époque les arrache-t-on ?

— *Comme elles sont moins sensibles à la gelée que les betteraves, on peut les récolter plus tard.*

251 Comment les conserve-t-on ?

— *En silos ou dans les caves.*

252 Les carottes sont-elles une bonne nourriture pour le bétail ?

— *Tous les animaux les recherchent, et pour les chevaux, elles peuvent remplacer une partie de la ration d'avoine.*

253 Quels sont les sols qui conviennent aux rutabagas, choux-navets et navets ?

— *Les terrains nouvellement défrichés et qui sont encore un peu acides. Ils réussissent du reste dans toutes les terres.*

254 A quelle époque sème-t-on les rutabagas et les choux-navets?

— En pépinière, au printemps, pour
être repiqués comme les betteraves.

255 En quelle saison sème-t-on les navets ?

— Toujours sur place, au printemps
ou en août, lorsqu'on les cultive
pour leurs racines.

256 Ne sème-t-on pas encore les navets pour
fourrage de printemps ?

— Après une céréale, on les sème fin
d'août sur un léger labour, et on
obtient un fourrage très-abondant
en avril.

257 Les feuilles de rutabagas et de choux-
navets sont-elles propres à la nourriture
du bétail ?

— Elles sont bien préférables à celles
des betteraves; mais on ne doit les
enlever qu'à l'époque de l'arrachage.

258 Comment conserve-t-on les rutabagas et
les choux-navets ?

— Ils gèlent difficilement, et on peut les laisser en terre jusqu'aux grands froids. Leur conservation en silos est moins assurée que celle des betteraves.

259 Indiquez la manière de faire les silos ?

— On creuse une fosse de 1 mètre 50 à 1 mètre 70 de largeur sur 30 centimètres environ de profondeur.

260 La profondeur de cette fosse doit-elle être toujours la même dans toutes les terres ?

— Dans les terrains très-humides, on lui donne moins de profondeur, et dans les terres sèches, on peut aller jusqu'à 50 centimètres, et plus.

261 Comment dispose-t-on les racines dans les silos ?

— En tas offrant deux plans inclinés

réunis au sommet comme le toit d'une maison.

262 De quelle épaisseur de terre doit-on recouvrir les racines ?

—*De 50 à 60 centimètres environ, après avoir mis une légère couche de paille qui s'oppose à ce que la terre se mêle aux racines.*

263 Comment évite-t-on que l'eau ne se rende dans les silos ?

— *On creuse tout autour de petits fossés plus profonds que la fosse où sont les racines, et la terre qui en sort sert à recouvrir le tas.*

264 Que pensez-vous de la culture du chou branchu, chou du Poitou, chou cavalier et de toutes les variétés de choux?

— *Cette récolte fourragère est une des plus précieuses pour la nourriture du bétail à cornes.*

265 En quelle terre doit-on les cultiver ?

— *Ils sont peu exigeants sur la nature du terrain et viennent partout. Dans les sols nouvellement défrichés, ils réussissent bien mieux que les racines.*

266 A quelle époque sème-t-on les choux ?

— *Au printemps, pour être transplantés en juin et consommés en hiver ; en septembre et octobre, pour être replantés fin d'avril, commencement de mai et consommés en automne.*

267 Quels soins exigent les choux ?

— *Des sarclages, des binages et des buttages.*

268 Convient-il d'enlever les feuilles de choux ou vaut-il mieux les couper par le pied ?

— *En effeuillant, on obtient une plus*

grande quantité de fourrage, mais ce travail est dispendieux.

269 Quels sont les grands avantages des choux ?

— *Ils sont peu exigeants, prospèrent à peu près dans tous les terrains, fournissent, en août, septembre et octobre, une nourriture fraîche qu'on ne pourrait guère obtenir avec d'autres plantes, et en hiver, c'est le seul fourrage vert qu'on puisse conserver.*

PLANTES OLÉAGINEUSES, TEXTILES, INDUSTRIELLES, ETC.

270 A quel groupe de plantes appartient le colza ?

— *A la grande famille des crucifères, au genre chou.*

271 Pour quel usage le cultive-t-on ?

— *Ses graines contiennent une grande*

quantité d'huile employée à un grand nombre d'usages. On le sème aussi comme fourrage, pour le bétail.

272 Quels sont les sols qui lui conviennent?

— *Comme les choux, il réussit dans tous les terrains, mais il préfère les sols argileux, profonds et frais.*

273 Peut-on le placer dans les terres nouvellement défrichées?

— *Il y réussit très-bien, et comme toutes les plantes de la même famille, il ne redoute pas l'âcreté et l'acidité du sol.*

274 Les terrains très-humides lui conviennent-ils?

— *Les terrains d'alluvion, les sols frais où les prairies prospèrent lui sont très-convenables, mais il faut qu'ils soient parfaitement égouttés.*

275 Après quelles récoltes doit-on le placer ?

— *Sur une prairie naturelle ou artificielle rompue par un seul labour, il donne un beau produit et fait une bonne préparation pour les céréales.*

276 Peut-on le placer après les céréales ?

— *Le colza réussit après toutes les récoltes, à l'exception de celles des plantes de la même famille.*

277 Comment sème-t-on le colza ?

— *En place ou en semis, pour être replanté.*

278 A quelle époque sème-t-on ?

— *Lorsqu'on sème sur place, dans la seconde quinzaine d'août. En pépinière, un peu plus tôt, de manière à avoir de fort plant.*

279 Comment doit-on faire les semis de colza ?

— *Ils doivent être placés en terre très-riche. Si le temps est sec, il est bon de donner un coup de rouleau.*

280 En quelles circonstances les semis sont-ils le plus assurés ?

— *Lorsqu'on peut les faire vingt-quatre heures après une petite pluie.*

281 Comment plante-t-on ?

— *A la charrue ou au plantoir.*

282 Quelle est la meilleure méthode ?

— *Lorsque la terre est meuble et qu'on a un bon laboureur, la plantation se fait bien à la charrue ; cependant, le plantoir semble préférable.*

283 A quelle distance plante-t-on ?

— *Lorsqu'on a de fort plant et qu'on repique de bonne heure dans un sol riche, on met 70 centimètres entre les lignes et 50 entre les plants sur la ligne.*

*Si l'on plante tard, on met moins d'é-
cartement.*

284 A quoi doit-on tenir surtout en plantant ?

— *Les pieds de colza doivent être enterrés jusqu'au collet. Si leurs tiges
étiolées s'élèvent au-dessus de la
terre, ils gèlent infailliblement.*

285 Les semis sur place sont-ils préférables
au repiquage ?

— *En général, le colza repiqué est plus
assuré ; cependant, on obtient de
fort belles récoltes en semant sur
place en lignes.*

286 Quels soins doit-on donner au colza ?

— *Des binages et sarclages.*

287 Quand faut-il le couper ?

— *Lorsqu'un tiers à peine des siliques
contient des graines noires.*

288 Comment dispose-t-on le colza pour le laisser achever sa maturité ?

— *En tas de 2 mètres de hauteur, en ayant soin de placer les javelles circulairement, la tête au centre, et diminuant de diamètre graduellement.*

289 Quel moyen emploie-t-on pour transporter les tas lorsqu'ils sont secs ?

— *On les enlève en passant dessous deux bâtons, et on les dépose sur une espèce de civière garnie de toiles.*

290 Comment bat-on le colza ?

— *Au fléau, sur des bâches en toile, ou bien au moyen de machines à battre.*

291 Quels soins doit-on donner à la graine après le battage ?

— *On la laisse pendant une huitaine*

de jours étendue sur les greniers avec une partie des siliques, et on la remue souvent.

292 Ne cultive-t-on pas d'autres plantes dont les graines produisent de l'huile ?

— *Les pavots, la cameline, la navette, la moutarde, etc.*

293 Ne cultive-t-on pas aussi la moutarde blanche comme fourrage ?

— *Les animaux n'en sont pas très-friands ; cependant, semée en août et même en septembre, elle produit un fourrage abondant, qu'on est quelquefois très-heureux de trouver en octobre.*

294 Quelles sont les terres qui conviennent au chanvre ?

— *Les sols riches, profonds, et surtout les terrains d'alluvion.*

295 Comment doit-on préparer la terre destinée au chanvre ?

— *Elle doit d'abord être fumée fortement, puis recevoir plusieurs labours profonds.*

296 A quelle époque le sème-t-on ?

— *En mai, à raison de 3 hectolitres par hectare.*

297 Ne peut-on pas semer plus ou moins épais?

— *Lorsqu'on veut de grosse filasse, très-forte, on sème clair ; quand on désire de la filasse fine, on sème plus épais.*

298 A quelle époque récolte-t-on le chanvre?

— *Lorsque le chanvre mâle est défleuri, on l'arrache. On laisse le chanvre femelle sur pied jusqu'à ce que la graine soit mûre.*

299 Doit-on faire revenir le chanvre souvent sur le même terrain ?

— Il fait exception à la règle commune et peut être sans interruption cultivé sur le même sol pendant très-longtemps.

300 Quelles sont les terres qui conviennent au lin ?

— Les sols de bonne qualité, bien engraissés depuis longtemps, et autant que possible assez riches pour qu'il ne soit pas besoin de les fumer immédiatement avant la semaille.

301 Pourquoi n'est-il pas bon d'appliquer les fumiers directement à la culture du lin ?

— Quelques brins pousseraient trop vigoureusement, les autres resteraient faibles, et cette inégalité nuirait beaucoup à la valeur du produit.

302 Quelle préparation doit-on faire subir à la terre destinée à recevoir le lin ?

— Sur une prairie naturelle ou arti- ficielle, un seul labour suffit. Après une céréale, on donne plusieurs la- bours.

303 A quelle époque sème-t-on le lin ?

— Les semailles de lin d'hiver se font en automne ; celui de printemps se sème en mars ou avril.

304 Quelle quantité de semence emploie- t-on par hectare ?

— De deux à trois hectolitres, sui- vant qu'on veut, comme pour le chanvre, avoir de la filasse plus ou moins fine.

305 A quelle époque récolte-t-on le lin?

— Quand les feuilles jaunissent, on l'arrache, on le met en bottes, puis on le bat lorsque les têtes qui contien- nent la graine sont sèches.

306 Dans quel but fait-on rouir le lin et le chanvre ?

—Pour dissoudre la matière gommeuse qui relie les fibres entre elles.

307 Quelle préparation leur fait-on subir après le rouissage ?

— On les fait sécher à l'air et au four, puis on les broie pour séparer la filasse et la débarrasser de la chènevotte.

308 Le lin peut-il revenir successivement plusieurs années sur le même sol ?

— Il faut avoir soin de mettre un long intervalle entre deux récoltes de lin.

309 Peut-on cultiver en plein champ les fèves et les haricots ?

— .Ces cultures forment une bonne préparation pour les céréales.

310 Quelles sont les terres qui leur conviennent ?

— Les sols argileux pour les fèves ; les sols sablonneux pour les haricots.

311 A quelle époque sème-t-on ?

— Les fèves se sèment ordinairement en lignes, en février ou mars ; les haricots doivent être enterrés moins profondément et se sèment en mai.

PRAIRIES NATURELLES.

312 Qu'entend-on par prairies naturelles ?

— Celles qui se soutiennent sans le concours de travaux et qui sont principalement composées d'herbes de la famille des graminées.

313 Quels sont les soins d'entretien qu'on doit leur donner ?

— Les irriguer, les débarrasser des eaux stagnantes, les couvrir de ter-

reaux, les herser au printemps, et surtout éviter d'y mettre le bétail lorsque la terre est humide.

314 Quelles sont les meilleures prairies naturelles ?

— *Celles qui se trouvent placées aux bords des rivières sur des terrains d'alluvion, et qui sont engraissées chaque année par les débordements.*

315 Comment doit-on préparer la terre lorsqu'on veut faire une prairie naturelle ?

— *Elle doit d'abord être améliorée par la culture d'une ou de deux plantes sarclées, puis dressée et parfaitement nivelée.*

316 A quelle époque sème-t-on les graines de prairies naturelles ?

— *Au printemps, dans une céréale, ou bien seules, en août et septembre.*

317 Quelles sont les graines qu'on doit préférer ?

— *Celles qui proviennent de foin de bonne qualité.*

318 Quelle graine devrait-on mélanger si l'on ne pouvait se procurer de bonne graine de foin ?

— *Un mélange de ray-grass, de trèfle, de lupuline et de différentes graminées peut former de bonnes prairies naturelles.*

319 Comment recouvre-t-on les semences ?

— *D'un léger trait de herse ou d'un coup de rouleau.*

320 Est-il avantageux de labourer les prairies naturelles ?

— *Lorsque ce ne sont pas des prairies trop basses, il est avantageux de les labourer quelquefois. Elles produisent de belles récoltes de pommes de*

*terre, de colza, de lin, d'avoine, etc.;
mais il ne faut pas épuiser le sol avant
de le remettre en prairie.*

PRAIRIES ARTIFICIELLES.

321 Qu'entend-on par prairies artificielles?

— *Des champs ensemencés en plantes
fourragères.*

322 Pourquoi les prairies artificielles sont-
elles considérées comme une des plus
grandes ressources de l'agriculture?

— *Elles forment la base des bons assolements alternes.*

*C'est avec leur secours qu'on peut en-
tretenir une grande quantité de bétail.*

*Elles produisent plus de nourriture que
les prairies naturelles et sont d'un
prix de fermage beaucoup moins
élevé.*

323 Les prairies artificielles forment-elles une bonne préparation pour les céréales ?

— *Toutes les cultures réussissent très-bien après les plantes fourragères.*

324 Pensez-vous que la culture des fourrages diminue le produit des grains ?

— *Elle l'accroit, au contraire, considérablement par l'augmentation des fumiers, par le bon état où elle laisse le sol, en permettant de mettre un intervalle entre les cultures de céréales.*

325 Quelles sont les plantes qui constituent le plus ordinairement les prairies artificielles ?

— *Les trèfles, les luzernes, le sainfoin, les vesces, la chicorée, les ray-grass, l'ajonc, etc.*

326 Quelles sont les terres qui conviennent au trèfle ?

— Les sols un peu argileux, contenant du calcaire.

327 Les terrains entièrement dépourvus de calcaire peuvent-ils produire de beaux trèfles ?

— Il est rare qu'il prospère sur ces sortes de terres.

328 Les amendements calcaires sont-ils un moyen à peu près assuré d'obtenir des trèfles sur les sols qui ne contiennent pas cet élément ?

— Il est rare qu'avec le secours de la marne, de la chaux, des sables coquillers, de la tangue, etc., on n'obtienne pas de belles récoltes de trèfle.

329 A quelle époque le sème-t-on ?

— En mars, dans les terres légères ; fin d'avril et même en mai, sur les sols argileux.

330 Quelle préparation fait-on subir à la terre qui doit recevoir le trèfle ?

— *Ordinairement on sème dans une céréale, quelquefois dans le sarrasin.*

331 Combien faut-il de graines par hectare ?

— *De 25 à 30 kilogrammes.*

332 Comment la recouvre-t-on ?

— *D'un léger trait de herse ou avec des épines, ou encore d'un coup de rouleau.*

333 Sème-t-on toujours le trèfle immédiatement après que la céréale a été recouverte ?

— *On peut semer aussitôt après que la céréale a été recouverte par la herse, ou bien attendre qu'elle soit levée et assez enracinée pour résister à un léger hersage.*

334 Lorsqu'on attend que la céréale soit levée

pour semer la graine de trèfle, comment faut-il faire ?

— *On donne d'abord un coup de herse qui ameublit la surface du sol et détruit une partie des mauvaises herbes qui ont levé avec la céréale, puis on sème le trèfle qu'on recouvre comme nous l'avons indiqué.*

335 Peut-on semer le trèfle dans une céréale d'hiver ?

— *Lorsqu'on herse les froments au printemps, on profite de l'ameublissement du sol par ce hersage pour semer la graine de trèfle.*

336 Quel aspect doit avoir la graine de bonne qualité ?

— *Elle doit être jaune, mêlée de violet, bien pleine et luisante. La vieille graine a une couleur terne et plus foncée.*

337 Le trèfle revient-il bien plusieurs années de suite sur le même terrain ?

— *Il faut un intervalle de quatre à six années au moins pour obtenir de belle récoltes de trèfle.*

338 Quelle place doit-on lui donner dans l'assolement ?

— *Dans la céréale qui suit immédiatement les plantes sarclées.*

339 A quelle époque doit-on commencer à couper le trèfle ?

— *Le plus tôt possible, dès que la faux peut l'atteindre.*

340 Quel est l'avantage de couper de très-bonne heure ?

— *Le trèfle formant la base de la nourriture du bétail à l'étable, il est important d'enlever promptement une partie de la première coupe, afin que le trèfle fauché le premier soit assez*

*repoussé pour succéder immédiate-
ment à la première coupe sans interruption.*

341 Ne peut-on pas aussi faire du foin sec
avec le trèfle ?

— *Il donne un très-bon fourrage lorsqu'il a été bien séché et bien récolté.*

342 A quelle époque doit-on faucher le trèfle
pour le faire sécher ?

— *Lorsqu'il est en pleine fleur. A cette
époque, il jouit de toutes ses propriétés nutritives au plus haut degré.*

343 Pourquoi prend-on ordinairement la
graine sur la seconde coupe ?

— *Parce que la première et la troisième fleurissent plus inégalement et
dans des conditions moins favorables.*

344 A quelle époque récolte-t-on la graine ?

— Lorsqu'elle est bien mûre, c'est-à-dire lorsqu'on trouve une grande quantité de graines violettes.

345 Comment retire-t-on la graine de son enveloppe ?

— Au moyen des machines à battre ou du fléau ; ce dernier moyen est lent et dispendieux.

346 Lorsque le trèfle a été semé dans une céréale peu fumée, quels sont les engrais qu'on doit lui donner ?

— Les terreaux dans lesquels on a mis de la chaux, étendus à la fin de l'hiver et émiettés par un trait de herse, produisent un très-bon effet.

347 Le trèfle incarnat forme-t-il un aussi bon fourrage que le trèfle commun ?

— C'est un très-bon fourrage, mais il est moins nourrissant.

4

348 Quels sont ses avantages ?

— *Il est très-précoce, peu exigeant sur la fertilité du sol ; il occupe la terre à une époque où elle ne produirait rien ; la graine est d'un prix peu élevé et les frais de culture peu considérables.*

349 Produit-il beaucoup de fourrage ?

— *Il ne donne qu'une coupe, mais elle est très-fournie et très-abondante.*

350 A quelle époque le sème-t-on ?

— *En août.*

351 Comment la terre doit-elle être préparée ?

— *Après une céréale, et lorsque la terre n'est pas dure, un fort hersage suffit ; lorsque le sol est trop ferme, on donne un léger labour.*

352 Quelle quantité de graine emploie-t-on par hectare ?

— *Environ trente kilogrammes.*

353 Ne peut-on pas la semer dans son enveloppe ?

— *C'est une très-bonne méthode, mais alors il en faut environ cent kilos.*

354 Quelles sont les terres qui lui conviennent ?

— *Les sols sablonneux et surtout ceux qui contiennent du calcaire.*

355 Pour faire du foin de trèfle incarnat, à quelle époque faut-il le couper ?

— *Un peu avant la complète floraison.*

356 Quelles récoltes convient-il de placer après le trèfle incarnat ?

— *Il est enlevé d'assez bonne heure pour qu'on puisse planter des pommes de terre, des betteraves, semer du sarrasin, des haricots, du maïs-four-rage, des choux, etc.*

357 Quelles sont les terres qui conviennent à la luzerne ?

— Elle veut un sol riche et profond et qui ne retienne pas d'humidité dans les couches inférieures.

358 Ne prospère-t-elle pas quelquefois dans les terrains de médiocre qualité ?

— Elle est beaucoup moins exigeante dans les terres qui contiennent du calcaire.

359 La luzerne donne-t-elle un bon fourrage ?

— C'est sans contredit le meilleur et le plus abondant.

360 Doit-on la couper comme fourrage vert ou la réduire en foin ?

— Comme fourrage vert, c'est une des plus précieuses récoltes, parce que ses racines s'enfonçant très-profondément, elle végète par les plus grandes sécheresses lorsque tous les autres fourrages ne produisent plus rien.

Elle fait aussi de très-bon foin.

361 Quelle préparation donner au sol qui doit recevoir la luzerne ?

— *On la sème comme le trèfle commun, dans la céréale qui suit immédiate-ment une plante sarclée.*

362 A quelle époque sème-t-on la luzerne ?

— *Fin d'avril et commencement de mai.*

363 Combien met-on de graine par hectare ?

— *Trente kilogrammes environ; il vaut mieux semer épais que clair.*

364 La luzerne est-elle d'une longue durée ?

— *Dans les sols qui lui conviennent, elle est encore très-vigoureuse après quinze ou vingt ans, et même elle peut aller jusqu'à trente années.*

365 Les coupes des premières années sont-elles abondantes ?

— *Ce n'est guère que la troisième an-née qu'elle donne un bon produit.*

366 Quels sont les soins qu'elle exige ?

— *Des hersages très-énergiques au printemps, des sarclages et des terreaux calcaires avant ces hersages.*

367 Quels sont les ennemis de la luzerne ?

— *Toutes les mauvaises herbes qui la détruisent promptement et surtout la cuscute.*

368 Sur quelle coupe récolte-t-on la graine ?

— *Comme le trèfle, sur la seconde ; mais ce ne doit être que la dernière année, sur les luzernières qu'on veut détruire.*

369 Après les luzernières, le sol est-il en bon état ?

— *Il est très-fertile et peut produire les récoltes les plus exigeantes.*

370 Qu'est-ce que la lupuline ou minette dorée ?

— C'est une petite luzerne d'une espèce moins vigoureuse et moins productive que la luzerne commune ; mais elle s'accommode des terrains maigres, secs et calcaires, où l'autre luzerne ne pourrait prospérer.

371 La lupuline dure-t-elle longtemps ?

— Comme le trèfle commun, elle n'est productive que pendant deux années; mais le fourrage en est de très-bonne qualité.

372 A quelle époque la sème-t-on ?

— Comme le trèfle, au printemps, dans une céréale.

373 Quelles sont les terres qui conviennent au sainfoin ?

— Les sols calcaires, même ceux qui sont de médiocre qualité.

374 Est-il besoin que la couche de terre soit profonde ?

— *Les racines pivotantes du sainfoin, comme celles de la luzerne, doivent trouver un sous-sol perméable dans lequel elles puissent s'introduire.*

375 Le sainfoin est-il un bon fourrage ?

— *C'est un de ceux que les animaux recherchent le plus.*

376 Doit-on le faire consommer en vert ou le conserver en foin sec ?

— *Consommé vert, il est très-bon; mais comme il ne donne ordinairement qu'une coupe, il vaut mieux le faucher lorsqu'il est en pleine fleur et le faire sécher.*

377 Comment le sème-t-on ?

— *Comme le trèfle et la luzerne, dans une céréale ; mais la graine étant beaucoup plus grosse, il faut un hersage énergique pour l'enterrer.*

378 Quelle quantité de graine emploie-t-on par hectare ?

— *Environ six hectolitres.*

379 Le sainfoin exige-t-il des soins pendant la végétation ?

— *Comme la luzerne, il doit être entretenu propre, engraissé avec des terreaux et hersé au printemps.*

380 Quelles sont les terres qui conviennent aux vesces ?

— *Elles donnent un fourrage très-abondant dans les sols argileux et argilo-calcaires ; cependant, elles réussissent dans tous les terrains.*

384 Le fourrage des vesces est-il de bonne qualité ?

— *Consommé en vert ou converti en foin sec, il est très-nutritif et recherché de tous les animaux.*

382 Après quelles récoltes doit-on semer les vesces ?

— *Elles succèdent très-bien à toutes les cultures et forment une excellente préparation pour les céréales.*

383 Les vesces donnent-elles plusieurs coupes ?

— *Une seule, mais elle est très-abondante.*

384 Comment doit-on préparer le sol destiné à porter les vesces ?

— *Lorsqu'elles succèdent à une céréale, on peut les semer sur un seul labour ; il est préférable d'en donner deux.*

385 Quelle quantité de graine emploie-t-on par hectare ?

— *Environ trois hectolitres, auxquels on a mêlé un quart de seigle ou d'avoine.*

386 Comment les recouvre-t-on ?

— *Ordinairement à la herse ou d'un trait d'extirpateur.*

387 A quelle époque sème-t-on les vesces ?

— *En octobre et novembre ; au printemps, de février en mai.*

388 Doit-on semer indistinctement la même graine en automne et au printemps ?

— *La graine récoltée sur les vesces d'hiver peut se semer en automne et au printemps ; celle qui est récoltée sur les vesces de printemps ne convient pas autant pour être semée en automne.*

389 Les vesces d'hiver sont-elles préférables à celles de printemps ?

— *Les vesces d'hiver peuvent remplacer la première coupe de trèfle, et celles de printemps la seconde.*

390 A quelle famille appartiennent les ray-grass ?

— *A celle des graminées.*

391 Quel est leur usage ?

— *On les cultive seuls ou mélangés aux trèfles comme prairies artificielles ou bien pour former des prairies destinées à être abandonnées en prairies naturelles.*

392 Existe-t-il plusieurs espèces de ray-grass?

— *Il en existe deux, l'une dite d'Angleterre et l'autre d'Italie.*

393 Quels sont leurs caractères ?

— *Le ray-grass d'Italie se distingue par une petite arête ou barbe à sa graine ; ses feuilles et ses tiges sont plus tendres et plus longues que celles du ray-grass d'Angleterre.*

394 Dans quelles circonstances doit-on cultiver le ray-grass d'Italie ?

— Lorsqu'on veut une prairie destinée à être fauchée, il est préférable au ray-grass d'Angleterre ; mais il est plus délicat.

395 A quel usage doit-on employer le ray-grass d'Angleterre ?

— A Faire des pâturages, parce qu'il redoute peu le piétinement et la dent du bétail.

396 Le foin de ray-grass est-il de bonne qualité ?

— Lorsqu'on le fauche de bonne heure, il fait de très-bon foin. Si l'on attend trop tard, il est dur et de qualité médiocre.

397 A quelle époque sème-t-on les ray-grass?

— Seuls en automne, ou au printemps dans une céréale.

398 Comment doit-on enterrer la graine ?

— Très-légèrement, d'un trait de herse

ou d'un coup de rouleau, lorsque la terre est sèche.

399 Quelle quantité de graine emploie-t-on par hectare ?

— *De 50 à 60 kilogrammes.*

400 Quelles sont les terres qui conviennent aux ray-grass ?

— *Les sols frais et substantiels ; cependant, on peut les cultiver partout.*

401 La chicorée sauvage est-elle un bon fourrage ?

— *Les vaches ne la mangent pas avec autant d'avidité que le trèfle ; mais c'est un de ceux qui profitent le plus aux porcs.*

402 Peut-on la réduire en foin sec ?

— *Elle ne convient que pour être consommée en vert.*

403 Quelles sont les terres où elle réussit le mieux ?

— *Les sols frais et profonds ; on la rencontre presque toujours dans les terrains calcaires.*

404 Quelle préparation doit-on faire subir au sol destiné à recevoir la chicorée sauvage ?

— *On la sème comme le trèfle, dans une céréale.*

405 Combien faut-il de graine par hectare ?

— *Environ quinze kilogrammes.*

406 Indiquez quelques-uns des fourrages supplémentaires d'été et d'automne ?

— *Le maïs, le sorgho, le millet, les petits pois, etc.*

407 L'ajonc peut-il être considéré comme un bon fourrage ?

— *Pour l'hiver, c'est une des meilleures*

nourritures pour tous les animaux et surtout pour les chevaux.

408 Quels sont les avantages de la culture de l'ajonc ?

— *Dans les terres où les fourrages plus exigeants ne pourraient réussir, on obtient de belles récoltes d'ajonc qui, passant par l'estomac des animaux et transformées en fumier, sont un puissant moyen d'amélioration.*

409 Quelles sont les terres qui conviennent à ce fourrage ?

— *Les terres de toute nature, et il prospère souvent dans les plus médiocres.*

410 Peut-il s'accommoder des terres à sous-sol de mauvaise qualité ?

— *Il pousse souvent avec vigueur dans les sols ferrugineux où tous les autres fourrages refuseraient de venir.*

On peut donc regarder l'ajonc comme la luzerne des terrains pauvres.

411 A quelle époque le sème-t-on ?

— *Au printemps, dans une céréale.*

412 Quelle quantité de graine emploie-t-on par hectare ?

— *De douze à vingt kilogrammes.*

413 A quelle époque coupe-t-on l'ajonc ?

— *En hiver.*

414 Comment le prépare-t-on pour la nourriture du bétail ?

— *Pour les chevaux, il suffit de le couper avec un fort hache-paille ; pour les bêtes à cornes, il faut le broyer ensuite.*

415 Tous les ajoncs sont-ils pourvus d'épines raides et dures ?

— *Quelques espèces, sans en être entièrement dépourvues, sont beau-*

coup moins dures, surtout lors-qu'ils sont semés très-épais.

416 Qu'entend-on par fenaison ?

— *L'opération au moyen de laquelle on transforme les fourrages en foin sec.*

417 A quelle époque doit-on faucher ?

— *Lorsque les plantes qui composent les prairies naturelles ou artificielles sont en pleine fleur.*

418 Dans le travail du fauchage, que doit-on rechercher ?

— *L'herbe doit être coupée le plus ras possible, car quatre à cinq centimètres pris à la base du foin font une perte plus considérable que douze ou quinze à la partie supérieure.*

419 Doit-on faner immédiatement derrière les faucheurs ?

— On peut laisser le foin en andins *pendant une journée. Dans cet état, une pluie ne lui est pas nuisible.*

420 A quelle époque de la fenaison les pluies sont-elles nuisibles au foin ?

— Lorsqu'il est très-avancé de sécher. Elles lui enlèvent sa couleur, sa saveur et son parfum.

421 N'a-t-on pas employé des machines pour faner ?

— Les faneuses à cheval accélèrent le travail, le font mieux en permettant de diviser plus énergiquement le foin.

422 Comment reconnaît-on que le foin est sec ?

— En prenant les brins les plus grossiers et en s'assurant, au moyen d'une forte torsion, qu'ils ne contiennent plus d'humidité.

423 Le foin sec doit-il être ramassé immédiatement dans les granges ou dans les greniers ?

— *Il est préférable de le laisser pendant quelques jours en gros tas où une légère fermentation ajoute à sa qualité.*

424 Le foin des prairies artificielles exige-t-il les mêmes soins que celui des prairies naturelles ?

— *Composé en grande partie de plantes de la famille des légumineuses, il doit être tourné et retourné, mais non fané.*

425 Pourquoi doit-on éviter de e faner ?

— *Les feuilles minces et articulées de ces plantes, se desséchant et se brisant beaucoup plus rapidement que les tiges grosses et remplies de sève, tomberaient et ne laisseraient qu'un foin de médiocre qualité.*

426 Doit-on, comme pour le foin des prairies naturelles, le mettre en tas après la dessiccation?

— *Cette précaution est encore plus indispensable, car si on le rentrait immédiatement, la fermentation pourrait s'y produire si énergiquement qu'on serait forcé de le sortir pour le faner de nouveau.*

427 N'emploie-t-on pas quelquefois la fermentation pour faire sécher promptement le foin des prairies artificielles et les regains ?

— *Cette méthode est très-bonne. Elle consiste à le mettre en gros tas aussitôt qu'il est coupé, ou le lendemain.*

428 Doit-il rester longtemps en cet état ?

— *Lorsque la fermentation est arrivée au point qu'il soit difficile de tenir la main dans le tas, et qu'il exhale une forte odeur de miel, on défait le tas et on l'étend un peu.*

429 Le foin est-il suffisamment fait après cette première fermentation ?

— *Quand il est froid et un peu resséché, on reconstruit le tas de nouveau, on met à l'intérieur le fourrage qui était à l'extérieur et qui s'était moins échauffé.*

Lorsque la fermentation s'y est établie de nouveau, on défait la meule, on étend encore, et le foin sèche très-promptement.

430 Les fourrages traités par cette méthode sont-ils de bonne qualité ?

— *Ils sont bruns et d'assez mauvaise apparence, mais leur conservation est facile et les animaux en sont très-friands.*

ASSOLEMENTS.

431 Qu'entend-on par assolement ?

— *L'art de faire alterner les cultures sur le même sol pour en tirer constamment le plus grand produit aux moindres frais possibles.*

432 Sur quel grand principe repose surtout la théorie des assolements ?

— *C'est que toutes les plantes ne puisent pas dans le sol les mêmes matières.*

433 Comment entendez-vous que toutes les plantes ne produisent pas dans le sol les mêmes matières ?

— *Les matières que nous avons indiquées comme base de la vie des plantes sont nécessaires à toutes ; mais certaines plantes, contenant une plus grande quantité de tels ou tels principes, et d'autres plantes contenant davantage de principes d'une autre nature, on peut penser que les unes puisent dans le sol une plus grande abondance de telle matière et les autres une plus grande quantité de matières différentes.*

434 Que conclure de là ?

— *Que des plantes de même espèce, cultivées sans interruption sur le même sol, finiraient par lui avoir emprunté tout ce qu'il contenait de principes à leur convenance et ne pourraient plus y prospérer, tandis que des plantes différentes y trouveraient encore les principes qui leur sont nécessaires.*

435 Puisque les plantes puisent dans le sol et dans l'atmosphère les principes nécessaires à l'entretien de leur existence, comme les animaux trouvent dans leur nourriture les principes nécessaires au soutien dé leur vie, ne peut-on pàs penser qu'il existe aussi une analogie entre les excréments que rejettent les animaux et certaines excrétions que les plantes pourraient laisser dans le sol?

— *De savants agriculteurs ont cru reconnaître, en effet, que les plantes laissent dans le sol comme des excrétions qui peuvent être favorables ou défavorables aux cultures et ne conviennent pas en général aux plantes de même espèce.*

436 Quelle différence faites-vous entre une terre fatiguée et une terre épuisée ?

— *La terre est lasse ou fatiguée lorsque plusieurs plantes de même espèce ou de même famille ont pris dans le sol tous les principes qui peuvent leur convenir.*

La terre est épuisée lorsque plusieurs récoltes d'espèces différentes ont absorbé presque toutes les matières nutritives qui s'y trouvaient.

437 Quel profit tirerons-nous de toutes ces observations pour établir un bon assolement?

— *Pour ne pas fatiguer notre terre, nous éviterons avec grand soin d'y cultiver sans interruption des plantes de même espèce ou de même famille.*

438 N'y a-t-il pas encore d'autres inconvénients à éviter pour avoir un bon assolement?

— *Il faut encore remarquer que les plantes dont les graines mûrissent sur le sol sont épuisantes. Par conséquent, on doit éviter de les répéter sans interruption sur le même sol.*

439 Pourquoi les plantes dont les graines

mûrissent sur le sol sont-elles épuisantes ?

— *Parce que la graine est la partie de la plante qui exige le plus de sucs nourriciers.*
En outre, à l'époque de la maturité, les feuilles se desséchant, ne puisent plus rien dans l'atmosphère, et les racines doivent seules pourvoir à la formation des semences ; elles empruntent donc davantage au sol.
De plus, elles laissent aux mauvaises herbes le temps de grainer.

140 N'y a-t-il pas au contraire des cultures améliorantes et nettoyantes ?

— *Les fourrages qui ne doivent produire que des tiges et des feuilles empruntent peu au sol, lui abandonnent de nombreux débris, étouffent les mauvaises herbes, ou du moins ne leur laissent pas le temps de grainer. Ils sont donc nettoyants et améliorants.*

Les racines fourragères et autres plantes sarclées exigent de profonds labours, une grande quantité de fumier, des sarclages et binages répétés. Ces cultures sont donc aussi nettoyantes et améliorantes.

441 Quelle règle tirerons-nous de ces nouvelles remarques ?

— *Pour ne pas épuiser notre sol, nous ferons alterner les récoltes épuisantes avec les récoltes nettoyantes et améliorantes.*

442 Comment nomme-t-on un assolement établi sur les bases que nous venons d'indiquer ?

— *Assolement alterne.*

443 En quoi consiste donc l'assolement alterne ?

— L'assolement alterne consiste à ne pas cultiver sans interruption sur le même sol des plantes de même famille et à placer entre les cultures épuisantes et salissantes des cultures améliorantes et nettoyantes.

444. Donnez un exemple d'assolement alterne?

— Première année, plantes sarclées, betteraves, pommes de terre, choux, etc.

Deuxième année, orge, avoine, froment de printemps, etc.

Troisième année, trèflc ou autre fourrage.

Quatrième année, froment d'hiver, colza ou toute autre culture portant graine.

445 Pourquoi convient-il de commencer l'assolement par les racines ou plantes sarclées ?

— Parce qu'elles exigent des engrais et

des travaux qui préparent la terre pour toutes les autres récoltes.

446 A quelle sole ou culture doit-on appliquer les engrais ?

— *Aux racines fourragères et plantes sarclées qui sont fort exigeantes et, pour lesquelles les fumiers nouvellement appliqués n'ont pas d'inconvénient. Les autres cultures préfèrent les fumiers déjà un peu usés dans le sol et bien également répartis par de nombreux labours.*

447 Que pensez-vous de l'assolement avec pâturage ?

— *Sur une grande exploitation, pour laquelle on n'aurait pas de ressources suffisantes, il est avantageux de laisser en pâturage deux ou trois divisions qui contribuent à augmenter les fumiers.*

148. Comment ferez-vous entrer ces pâtures dans l'assolement ?

— En suivant l'ordre des cultures que nous avons indiqué dans l'assolement alterne, nous avions la troisième année des trèfles ou autres fourrages à faucher. La quatrième année, nous les rompions pour les faire suivre de froment ou colza, etc. Si nous voulons un assolement avec pâturage, nous conserverons en pâturage une partie de ces trèfles ou autres fourrages pendant une, deux ou trois années.

149. Que pensez-vous de l'assolement triennal ?

— L'assolement triennal se compose ordinairement de :
1re année, sarrasin ou jachère ;
2e année, froment ;
3e année, avoine.

C'est le plus mauvais de tous, puisqu'il fait revenir sans interruption sur le même sol deux céréales et quelquefois trois récoltes de suite portant graine.

450 Pourquoi est-il si généralement adopté?

— *La brièveté des baux et l'ignorance des bons principes de culture peuvent seuls le maintenir.*

451 Qu'appelle-t-on terre en jachère?

— *Une terre qui reçoit plusieurs labours préparatoires sans rien produire est dite en jachère.*

452 La terre abandonnée à elle-même n'est donc pas en jachère?

— *Elle doit être dite en friche.*

453 Quels sont les avantages et les inconvénients de la jachère?

— *Les jachères nettoient le sol et l'a-*

meublissent, mais elles sont dispen-
dieuses puisqu'elles le laissent sans
produire et qu'elles exigent beau-
coup de travaux.

154 Les plantes sarclées, les fourrages, les sarrasins, ne peuvent-ils pas remplacer la jachère?

— Ces cultures ont une partie des avantages de la jachère et donnent un produit qui ne laisse pas tous les frais de culture à la récolte suivante.

155 L'assolement qu'on adopte doit-il être suivi d'une manière rigoureuse?

— L'assolement est simplement une marche tracée, un cadre fait dans lequel on peut substituer une récolte à une autre, suivant le besoin; mais il ne peut jamais s'écarter des prin- cipes que nous avons établis.

456 Les localités ne doivent-elles pas influer sur le choix d'un assolement?

— *La proximité ou l'éloignement d'un marché, la facilité ou la difficulté de la main-d'œuvre, doivent guider dans l'établissement de l'assolement.*

457 Peut-on en toutes circonstances établir un assolement bien régulier dès les premières années d'une culture?

— *Il est prudent de ne rien brusquer, de ne marcher que suivant ses ressources en fourrages et en engrais, et d'arriver ainsi graduellement à la rotation qu'on veut adopter.*

458 Qu'est-ce qui doit déterminer pour la plus ou moins longue durée de la rotation?

— *La rotation de quatre années doit toujours faire la base de l'assole-*

ment ; mais comme il est rare d'avoir assez de ressources pour fumer chaque année le quart d'une exploitation, on peut ajouter aux cultures indiquées dans cet assolement de quatre ans une ou deux divisions qui seront consacrées à une augmentation de fourrages, de racines ou d'un autre produit, tel que le colza, et on aura alors un assolement de cinq, six, sept années.

BÉTAIL.

59 Qu'entend-on par économie du bétail ?

— Tout ce qui a rapport à son élevage et à son entretien.

60 Le bétail est-il d'une grande importance en agriculture ?

— *Il est un puissant auxiliaire pour
les travaux de culture, son produit
est un des plus importants de l'exploitation; c'est de son bon entretien que dépend la quantité et la qualité des fumiers.*

BÉTAIL A CORNES.

461 Le bétail à cornes doit-il être le même
partout?

— *On doit, autant que possible, choisir
les espèces qui conviennent à la terre
qu'on cultive et aux usages auxquels
on les destine.*

462 Dans les terres pauvres et dans celles où
les fourrages sont peu abondants, quelle
est l'espèce que vous préférerez?

— *La petite race bretonne joint à ses
qualités laitières celle de se conten-
ter de fourrages qui ne pourraient*

être utilisés par des animaux de races plus exigeantes.

463 Dans les sols de moyenne fertilité, quelles races choisirez-vous ?

— *Les bêtes d'Ayr et leurs croisements avec la race bretonne formeront une heureuse transition.*

464 Dans les terrains très-fertiles, quelles espèces prendrez-vous ?

— *Les normandes, les hollandaises, par exemple, pour leurs qualités lai-tières ; les vendéennes, les mancelles, pour faire des bœufs de travail, et les Durham pour les bêtes destinées à prendre promptement la graisse.*

465 Les quelques espèces que nous citons ici ont-elles des qualités tellement tranchées qu'on ne puisse les employer à un autre usage ?

— *On trouve des vaches Durham très-*

laitières , des normandes mauvaises à lait et des bœufs de travail de bonne qualité.

466 Comment peut-on améliorer les races ?

— *Par elles-mêmes, en choisissant les plus beaux individus de l'espèce et en les nourrissant bien.*

467 Ne peut-on pas aussi améliorer par les croisements ?

— *Cette manière est plus rapide et presque toujours la plus avantageuse.*

468 Quels sont les animaux qui améliorent le plus promptement notre bétail à cornes ?

— *La race d'Ayr pour les petites espèces, et la race Durham pour celles qui sont plus grandes.*

469 Que doit-on avant tout considérer pour le choix d'une race ?

— Il est toujours désastreux pour l'agriculture de mettre des animaux exigeants sur un pauvre terrain, et des bêtes destinées à vivre de peu dans des pâturages gras.

470 Quels sont les caractères d'un bon taureau ?

— La tête doit être courte et épaisse, le front large, les yeux vifs, les naseaux grands, les cornes bien faites, le cou fort, la poitrine large, le dos droit, la croupe et les cuisses bien développées, les épaules fortes, les jambes courtes, minces du bas et bien musclées du haut.

471 Dans son ensemble, quels caractères doit avoir l'animal ?

— Son corps doit se rapprocher le plus possible de la forme cylindrique; une démarche hardie est un signe de vigueur.

472 Ne doit-on pas choisir les taureaux dans les races destinées aux services qu'on veut en tirer ?

— *Il semble très-raisonnable de prendre un taureau provenant d'une bonne vache laitière, lorsqu'on veut élever des vaches à lait, et de choisir ceux qui sont issus de races propres au travail ou à l'engraissement, suivant qu'on destine ces animaux à l'un ou l'autre de ces usages.*

473 Quels sont les caractères généraux des bonnes vaches laitières ?

— *La tête, le cou et les jambes minces, le pis pendant, mince et non charnu, de grosses veines sous le ventre, le poil doux, la peau souple et non adhérente aux côtes.*

474 N'existe-t-il pas d'autres signes laitiers ?

— *Les observations de M. Guénon ont à peu près prouvé que les vaches bonnes laitières ont des deux côtés et au-dessus du pis des poils montants et fins, formant un écusson plus ou moins développé, suivant la qualité laitière de la bête.*

475 Ces écussons ont-ils tous la même forme?

— Ils sont plus ou moins montants, plus ou moins larges, et formés de poils plus ou moins fins.

476 Quelles sont les vaches qu'on doit préférer ?

— Celles dont l'écusson est le plus grand, le plus montant, composé de poils très-fins, n'ayant pas d'interruption de poils descendants ou de poils gros et rudes.

477 A l'époque du vêlage, doit-on tirer sur le veau ?

— Cette pratique est souvent mortelle

pour la vache et pour le veau, et l'on doit s'y opposer de tout son pouvoir.

478 Comment élève-t-on les veaux ?

— *En les faisant téter ou en les faisant boire.*

479 Doit-on laisser les veaux avec leurs mères?

— *Il est toujours prudent de les séparer, parce qu'ils les tourmenteraient ; les vaches voisines pourraient les écraser , et il est convenable de les faire téter à des heures régulières , trois fois par jour, par exemple.*

480 Doit-on donner le premier lait aux veaux?

— *Il a des propriétés purgatives qui seraient nuisibles à d'autres animaux, mais qui sont bienfaisantes pour les veaux, parce qu'elles débarrassent leurs intestins.*

481 Quels veaux doit-on laisser téter ?

— *Ceux des génisses et aussi les veaux qu'on destine à la boucherie et qu'on ne veut pas garder longtemps.*

482 Comment doit-on traiter les veaux faibles ou trop relâchés ?

— *On leur fait prendre de l'eau de riz, des œufs et même quelques cuillerées de vin rouge sucré.*

483 Comment doit-on élever les veaux sans les laisser téter ?

— *On les sépare le plus promptement possible de leur mère, dont on leur fait boire le lait doux pendant quelques semaines ; ensuite, on diminue graduellement la quantité de lait et on ajoute des bouillies de farine d'orge, de sarrasin, de tourteaux de graine de lin, délayée dans de l'eau tiède.*

484 Les veaux doivent-ils manger des aliments solides ?

— *Lorsqu'on leur donne trop promptement du foin, de l'herbe, des racines, etc., ils deviennent ventrus et faibles.*

485 A quel âge doit-on les laisser manger ?

— *Au bout de deux mois, on peut leur présenter des aliments d'une digestion facile, en leur continuant les breuvages nourrissants.*

486 Doit-on élever les veaux avec parcimonie?

— *De même qu'un hectare de terre bien traité donne autant que deux mal faits, un bon veau vaut mieux que deux mal nourris.*

487 A quoi reconnaît-on l'âge des bêtes à cornes ?

— *A la chute des dents de lait, à l'u-*

sure des dents remplaçantes et aux anneaux des cornes.

488 Combien ces animaux ont-ils de dents incisives ?

— *Huit à la mâchoire inférieure; la supérieure en est dépourvue.*

489 Dans quel ordre ces dents tombent-elles et sont-elles remplacées ?

— *Les pinces tombent et sont remplacées à deux ans.*

— *Les premières mitoyennes, à trois ans.*

— *Les secondes mitoyennes, à quatre ans.*

— *Les coins, à cinq ans.*

490 Lorsque toutes les dents incisives sont poussées, comment reconnaît-on l'âge des bêtes à cornes ?

— *Les dents qui étaient tranchantes et qui se joignaient, s'usent et se dé-*

joignent dans le même ordre qu'elles ont poussé.

491 Quels sont les signes fournis par les cornes ?

— *Chaque anneau formé à leur base correspond à une année, et la pointe en indique trois.*

492 Ce signe est-il bien constant ?

— *Il n'est pas toujours aussi apparent que celui fourni par les dents, mais il est fort commode pour juger approximativement de l'âge au premier abord.*

SUITE DU BÉTAIL, NOURRITURE.

493 Les fourrages secs et la paille peuvent-ils entretenir convenablement le bétail à cornes pendant l'hiver ?

— *Ils doivent former le fond de la nourriture ; mais ce n'est qu'avec le secours des racines que les fourrayes secs peuvent convenablement profiter au bétail.*

494 Quelle base prendrons-nous pour rationner un animal ?

— *Ce sera évidemment son poids ; car une vache de 200 kilogrammes ne peut manger autant qu'une bête de 400 kilogrammes.*

495 Comment connaîtrons-nous le poids d'un animal ?

— *Au moyen du ruban gradué de M. de Dombasle, qui nous donnera le poids chair nette ; en ajoutant 60 pour 100, nous aurons le poids vivant de l'animal.*

496 Quelle quantité de nourriture doit-on donner aux animaux proportionnellement à leur poids ?

— Environ quatre pour cent du poids de l'animal vivant.

497 Comment estimerons-nous la valeur des fourrages ?

— En prenant le bon foin des prairies naturelles pour type, les racines comptent environ pour un tiers, la paille pour un quart.

498 Pourrait-on, d'après ces données, entretenir convenablement un animal avec une seule espèce de nourriture, pourvu qu'on en donnât une quantité suffisante?

— Ces aliments lui profiteraient peu si on lui en donnait exclusivement une seule espèce.

499 Doit-on donner les racines crues ou cuites ?

— Elles conviennent mieux crues pour les vaches laitières. Quand elles sont cuites, elles sont plus propres à l'engraissement.

500 Cependant, n'est-il pas avantageux de donner aux vaches des aliments chauds ?

— *Des espèces de soupes composées de racines, de foin ou de paille hachés, de feuilles de choux, le tout saupoudré de son, de tourteaux broyés, de farines, etc., et arrosé avec de l'eau chaude, sont une très-bonne nourriture pour les vaches laitières.*

501 Pendant l'hiver, doit-on faire sortir les vaches ?

— *Il est avantageux pour leur santé de les mettre dans les cours de la ferme une ou deux heures par jour. On doit veiller à ce que toutes boivent.*

502 Lorsque l'eau est trop froide, si les vaches ne boivent pas bien, que convient-il de faire ?

— *Ajouter un peu de son à l'eau ou la faire tiédir.*

503 Doit-on rationner les vaches bien exactement ?

— *Pour tous les animaux, il faut dis-
tribuer les fourrages à des heures
exactes et en quantité bien égale.*

504 Comment doit-on s'y prendre pour rationner les animaux ?

— *Botteler les foins et les pailles, me-
surer et peser les racines.*

505 Ces travaux ne sont-ils pas trop coûteux
pour le profit qu'on en retire ?

— *Les fourrages et les racines donnés
sans mesure profitent mal au bétail,
parce qu'on en donne peu un jour et
beaucoup le lendemain ; puis le cultivateur ne peut savoir s'il a une
provision suffisante de nourriture
pour l'hiver.*

506 Quels soins doit-on prendre pour passer
de la nourriture sèche aux fourrages
verts ?

— Donner graduellement ces fourra-
ges, commencer par les moins sub-
stantiels, et les mélanger pendant
quelques jours d'une petite quantité
de foin ou de paille.

507 Quelle sera à peu près la succession des
fourrages verts qui entretiendront le
bétail pendant la belle saison ?

— La navette, navets à faucher, colza,
fin de mars et commencement d'avril.
Le seigle, fin d'avril.
Trèfle incarnat, trèfle commun, vesces
d'hiver, en mai et partie de juin.
Seconde coupe de trèfle et vesces de
printemps, fin de juin et partie
d'août.
Maïs, sorgho, choux, moutarde, fin
d'août, septembre et octobre.
Les choux, fin d'automne.

508 Les vaches s'entretiennent-elles bien au
pâturage ?

— *Les vaches que l'on nourrit sur des pâturages abondants s'entretiennent en bonne santé et produisent beaucoup ; mais il faut une plus grande étendue de terre pour les nourrir que lorsqu'on leur donne la nourriture à l'étable.*

509 Ne convient-il pas quelquefois de mettre les vaches dans les prairies ?

— *Lorsque les regains sont trop courts pour être fauchés, on peut les faire consommer sur place ; mais il faut éviter avec soin de mettre les vaches dans les prairies, après de grandes pluies.*

510 Doit-on rationner les vaches lorsqu'elles sont au vert ?

— *Cette pratique serait aussi avantageuse que pour la nourriture d'hiver, car, lorsque les fourrages sont très-tendres et qu'on les donne en trop grande quantité, les animaux sont exposés à la météorisation.*

511 Quels fourrages sont les plus à craindre?

— *Les trèfles, les luzernes, les vesces et presque toutes les légumineuses, lorsqu'elles sont très-tendres. Quelques racines produisent aussi la météorisation : les navets, les pommes de terre.*

512 Qu'est-ce que la météorisation ?

— *Une espèce d'indigestion qui se manifeste par le gonflement du flanc gauche et qui est produite par les gaz développés dans le rumen.*

513 Comment doit-on traiter les animaux météorisés ?

— *Les promener, couvrir le flanc gauche de linges mouillés avec de l'eau froide, passer dans la bouche une espèce de mors fait avec des tiges de*

*genêts verts, de manière à faire mâ-
cher et saliver l'animal.*

514 Ces moyens sont-ils suffisants?

— *On ne doit les employer que comme
auxiliaires de moyens plus énergiques, et si le gonflement devient in-
quiétant, on emploie l'ammoniac li-
quide, ou alcali volatil.*

515 A quelle dose?

— *Une ou deux cuillerées dans deux
verres d'eau froide, et si le gonflement ne diminue pas, on donne une
nouvelle dose au bout de vingt mi-
nutes ou d'une demi-heure.*

516 Si malgré tout cela le gonflement conti-
nue et que l'animal menace de suffo-
quer, que faut-il faire?

— *Avoir recours à la ponction, qui consiste à percer le flanc gauche au*

moyen d'un trocard ou simplement d'un couteau bien pointu.

ÉTABLES.

517 Est-il important d'avoir des étables bien construites ?

— *Les animaux qui sont tenus dans des étables mal faites, souffrent et exigent plus de nourriture pour arriver à un produit inférieur.*

518 Quelles dispositions générales doivent avoir les étables ?

— *Elles doivent être assez élevées au-dessus du sol pour qu'il soit possible, au moyen de conduits, de faire écouler l'urine dans des réservoirs.*

L'étage doit être assez haut pour que l'air circule librement par des fe-

*nêtres placées au-dessus des vaches,
de manière à ce que le courant d'air
ne les atteigne pas.*

*Elles doivent être claires et assez spa-
cieuses pour que le service se fasse
facilement.*

519 Convient-il de garnir les étables d'auges
et de râteliers ?

— *Cette disposition permet de distri-
buer convenablement la nourriture
aux animaux, qui en perdent beaucoup moins que lorsqu'on les jette
sur la litière et le fumier, où ils con-
tractent un mauvais goût.*

520 Doit-on souvent enlever le fumier des
étables ?

— *Le plus souvent possible. Les éma-
nations du fumier accumulé sous le
bétail nuisent à la pureté de l'air et
entretiennent souvent une chaleur
trop forte.*

521 Est-il avantageux de maintenir constamment les vaches à l'étable ?

— Les vaches qui restent à l'étable font plus de fumier, parce qu'elles ne le perdent pas au pâturage et le long des chemins; elles mettent mieux à profit leur nourriture, et il est besoin d'une moindre étendue de terre pour les entretenir.

522 Est-il bon de boucher le plus ermétiquement possible, comme on le fait généralement, toutes les issues à l'air, sous prétexte d'empêcher les mouches de voir les animaux ?

— Dans les étables traitées de la sorte, les vaches sont en quelque sorte asphyxiées par le manque d'air, par la chaleur, et elles sont couvertes de mouches. Il suffit, du reste, de voir une étable bien aérée et une mal tenue pour s'en convaincre.

523 Le pansement de la main est-il nécessaire aux bêtes à cornes ?

— *Les vaches entretenues propres,
bouchonnées, brossées et étrillées,
se portent mieux et utilisent mieux
la nourriture.*

———

LAITERIE.

524 Quels sont les soins généraux qu'exige
le lait ?

— *La plus grande propreté est nécessaire pour sa conservation, pour la
fabrication du beurre et aussi pour
la confection du fromage.*

525 Ces soins de propreté ne doivent-ils pas
commencer dès l'étable ?

— *Dans des étables fangeuses, où les
vaches ne sont ni brossées ni bou-*

chonnées, où on ne leur lave jamais le pis, il se mêle au lait des poils et des fragments de fumier qui lui ôtent beaucoup de qualité et l'empêchent de se conserver.

626 Comment doit-on disposer la laiterie ?

—L'appartement destiné à recevoir le lait ne doit être ni trop chaud ni trop froid ; une température aussi égale que possible y sera maintenue et des ouvertures bien disposées devront y faciliter le renouvellement de l'air.

627 Quelle forme doivent avoir les vases destinés à recevoir le lait dont on veut faire du beurre ?

— Il faut préférer ceux qui sont les moins profonds et les plus évasés du haut.

628 Pourquoi cette forme est-elle préférable ?

— Elle permet à la crême de se réunir promptement à la surface et en plus grande quantité que dans des vases étroits et élevés, où elle n'aurait pas le temps d'arriver à la superficie.

529 Est-il indispensable pour faire du beurre que le lait soit entièrement caillé et la crême dure et épaisse ?

— Lorsqu'on veut du beurre délicat, on doit baratter souvent, et il suffit que la crême soit assez dure pour qu'en la traversant avec la pointe d'un couteau, le lait ne vienne pas à la surface.

530 Ne peut-on pas obtenir de très-bon beurre en barattant du lait doux ou presque doux ?

— C'est par ce procédé qu'on obtient le beurre le plus agréable et le plus fin ; mais c'est aux dépens de la quantité.

531 Quelles sont les meilleures barattes ?

— *On se sert d'un grand nombre de barattes qui toutes peuvent faire de bon beurre ; celles qui exigent le moins de force et qui sont les plus faciles à nettoyer sont les meilleures.*

532 La température doit-elle être bien élevée pour obtenir promptement le beurre ?

— *Lorsqu'il fait trop froid, il se sépare lentement ; s'il fait trop chaud, il est difficile à rassembler. Une température moyenne de 12 à 15 degrés est la plus convenable.*

533 Comment peut-on obtenir une température égale dans la baratte ?

— *Dans une laiterie bien entendue, on n'est pas exposé à un changement brusque de température. Au moyen d'un vase dans lequel on met de l'eau chaude ou de l'eau froide et où l'on place la baratte, il est facile d'obtenir cette égalité de chaleur.*

534 Est-il nécessaire que le battage de la crême et du lait se fasse bien régulièrement ?

— *Si après avoir baratté on suspend l'opération assez longtemps pour que leur température change, le beurre se fait mal.*

535 Lorsque le beurre est sorti de la baratte, que doit-on faire ?

— *On le pétrit pour en extraire tout le petit lait.*

536 Est-il nécessaire de le laver ?

— *Le beurre bien lavé se délaite mieux, sa conservation est plus facile et plus parfaite.*

537 Quel parti peut-on tirer du lait de beurre ?

— *Il convient très-bien à la nourriture des porcs. Lorsqu'on s'en sert, en*

quelque sorte, comme assaisonne-
ment pour les racines et les autres
matières végétales, il augmente
beaucoup la qualité de ces aliments.

38 Ne fabrique-t-on pas plusieurs espèces
de fromages ?

— Pour quelques espèces, on fait cuire
légèrement le caillé ; pour d'autres,
on fait seulement cailler le lait.

39 Citez-en quelques espèces ?

— Pour le fromage suisse, celui de
Gruyère, celui de Hollande, on cuit
le caillé.
Ceux de Brie, de Camembert, etc., se
font avec du lait seulement caillé.

40 Ne distingue-t-on pas les fromages en
gras, demi-gras ou maigres ?

— Les fromages gras sont ceux pour
lesquels on fait cailler le lait aussitôt qu'il est trait.

Les demi-gras se font avec du lai
dont on a enlevé une partie de la
crême.

Si on attend que toute la crême soi
montée, on a des fromages maigres

541 Comment fait-on cailler le lait ?

— *Avec de la pressure ou avec la cail-*
lette d'un jeune veau.

542 Lorsque le lait est caillé, que reste-t-il à
faire ?

— *On le dépose dans une forme percée*
de trous.

543 Doit-on le laisser longtemps dans ce
moule ?

— *Lorsque le fromage est assez dur*
pour ne pas se briser, on le met sur
une planchette et on le saupoudre
de sel.

544 Après que le fromage est complètemen

égoutté et salé, comment doit-on le traiter ?

— *On le dépose sur des claies où il achève de prendre toutes les qualités du fromage.*

545 Comment doivent être disposées les fromageries ?

— *Elles doivent conserver une température égale, être aérées à volonté, mais tenues complètement obscures.*

546 Lorsqu'on ne veut fabriquer qu'une petite quantité de fromage pour la consommation du ménage, est-il nécessaire d'avoir un appartement consacré à ce travail ?

— *Une table ordinaire pour faire égoutter, des moules en terre ou en bois, quelques claies en lattes seront des ustensiles suffisants.*

ENGRAISSEMENT DU BÉTAIL A CORNES.

547 Si l'on ne peut vendre le lait en nature,
ni fabriquer du beurre ou des fromages,
comment utilisera-t-on avantageusement les fourrages ?

— *L'engraissement du bétail à cornes
formera la base de l'entreprise agricole.*

548 Quels sont les principaux avantages de
cette spéculation ?

— *La production d'une grande quantité de riches fumiers et l'amélioration du sol par la culture des racines alimentaires et des fourrages.*

549 L'engraissement du bétail n'exige-t-il pas
des connaissances spéciales ?

— *Il est indispensable de prendre l'ha-
bitude de vendre et d'acheter, ainsi*

que de connaître les qualités qui distinguent les animaux propres à engraisser.

150 Comment appréciera-t-on la valeur d'un animal ?

— *Lorsqu'on en saura le poids, il sera facile d'en déterminer la valeur.*

151 Quelles sont les moyens de connaître le poids du bétail ?

— *Les bascules à larges plateaux sont fort exactes et fort commodes ; mais elles sont d'un prix élevé, et le ruban gradué fournira la plupart du temps des données suffisantes.*

152 Quel est le rapport approximatif du poids de l'animal vivant avec celui de la viande, lorsqu'il sera abattu et qu'on en aura enlevé la peau, la tête, les pieds, les intestins, et qu'il ne restera que les quatre quartiers ?

*— En moyenne, on estime qu'un ani-
mal de conformation ordinaire
donne soixante pour cent du poids
vivant. Le ruban indique le poids
chair nette.*

553 Quels sont les caractères généraux qu'on
doit rechercher pour un animal propre
à l'engraissement ?

*— Il doit se rapprocher le plus possible
de la forme cylindrique. C'est-à-dire
que deux lignes tirées par la pensée,
l'une sur le dos, l'autre sous le ventre
de l'animal, devront être parallèles.
En outre, il aura une large et vaste
poitrine, tandis que la charpente os-
seuse, les jambes, la tête et toutes
les parties qui ne donnent pas de
viande, seront peu volumineuses. La
peau souple, le poil fin sont encore
des caractères de bonnes qualités.*

554 Outre l'utilité du ruban gradué pour les

achats et les ventes, n'offre-t-il pas encore un autre avantage?

— *En mesurant souvent les animaux à l'engrais, on peut constater ce que telle ou telle nourriture a produit.*

55 A quel âge les animaux prennent-ils le mieux la graisse?

— *Dans la plupart des espèces, c'est vers la sixième ou la huitième année.*

56 Quelques espèces ne sont-elles pas plus précoces?

— *Les races perfectionnées, telles que la race Durham, ont l'immense avantage d'engraisser dès leur jeunesse.*

57 Comment engraisse-t-on les animaux?

— *Au pâturage, au vert, à l'étable, avec du foin sec, avec des racines auxquelles on associe des fourrages secs et des grains.*

558 Que doit-on principalement s'efforcer d'obtenir ?

— *Un engraissement le plus rapide possible.*

559 Dans quelles circonstances peut-on engraisser au pâturage ?

— *Lorsqu'on a une grande étendue de prairies ou de terres fraîches et fertiles qui, par leur position, ne pourraient que difficilement être employées à un autre usage.*

560 Une petite quantité de fourrage sec ou grain broyé n'est-elle pas [illegible] quand on veut engraisser [illegible] rage vert donné à l'étable ?

— *Les animaux qui re[illegible] fourrages verts [illegible] peuvent engraisser [illegible] tion de quelques [illegible] [illegible] grain on obtient [illegible] [illegible] [illegible]*

561 L'engraissement au foin est-il avantageux ?

— *Il faut que le prix en soit peu élevé pour qu'il soit avantageux de l'employer seul.*

562 Quelle est donc la meilleure nourriture pour arriver rapidement à l'engraissement ?

— *En général, les animaux utilisent moins bien les aliments d'une seule espèce. Ainsi, en donnant du foin, des racines, des choux, des fourrages verts, les bêtes à l'engrais conservent un meilleur appétit et la digestion se fait mieux.*

563 N'est-il pas avantageux de réserver pour la fin de l'engraissement les aliments les plus substantiels ?

— *On doit toujours commencer par les moins bons, puis ajouter, s'il est possible, à la nourriture ordinaire, des grains moulus, du son ou des tourteaux de graines oléagineuses.*

564 Quels sont les soins généraux qu'exige le bétail à l'engrais ?

— *Beaucoup de ménagements, du repos, des soins de propreté et une grande régularité dans la distribution des aliments.*

565 Quels sont les avantages que présentent les bœufs employés comme bêtes de travail ?

— *Leur prix d'achat est moins élevé que celui des chevaux ; les accidents sont moins fréquents, et lorsqu'il en arrive, on peut encore tirer parti de l'animal ; ils augmentent de valeur tout en travaillant ; enfin, la nourriture qu'ils exigent est d'un prix moins élevé.*

566 Ne peut-on pas atteler les bœufs avec des colliers ?

— *L'attelage au collier est préférable ; cependant, comme le joug est moins dispendieux, il est plus généralement employé.*

COCHONS.

567 Quelle est la conformation qu'on doit rechercher dans les cochons ?

— *Destinés uniquement à produire de la viande et du lard, les espèces qui donnent le moins de déchet à l'abattage doivent être préférées.*

568 Indiquez les principaux caractères des bonnes races ?

— *La tête courte et peu volumineuse, les jambes courtes et fines à la partie*

*inférieure, le dos droit, la poitrine
large, le corps long et cylindrique.*

569 Dans quelles espèces trouve-t-on surtout
cette bonne conformation ?

— *Dans les races anglaises perfectionnées, et dans quelques races fran-
çaises, par exemple celle dite de
Craon.*

570 Comment élève-t-on les jeunes porcs ?

— *Pendant qu'ils sont sous leur mère,
il suffit de nourrir abondamment
celle-ci, puis au bout d'un mois, on
donne aux jeunes porcs du lait, des
farines d'orge, de fèves, de pois, etc.*

571 Peut-on nourrir les cochons avec des
fourrages verts ?

— *Ils mangent bien la chicorée sauvage, les laitues, même le trèfle ; mais
pour que ces aliments leur soient
profitables, il faut les faire cuire et*

y mêler du lait baratté, du son ou des grains broyés.

572 Les racines peuvent-elles être avantageusement employées à la nourriture des porcs ?

— *Les racines cuites, surtout les pommes de terre, leur conviennent parfaitement ; mais lorsqu'on veut arriver à un engraissement complet et rapide, il faut y mêler des débris de cuisine, du lait, des grains broyés ou bien des matières animales.*

573 Les aliments préparés d'avance sont-ils bons pour les porcs ?

— *Lorsqu'ils ont fermenté ou qu'ils commencent à aigrir, ils leurs sont plus profitables.*

574 Peut-on nourrir les cochons au pâturage ?

— *Les herbes les font vivre, mais elles sont insuffisantes pour les engraisser.*

575 Les glands forment-ils une bonne nourriture pour les porcs ?

— *C'est une de celles qui leur profitent le plus et qui produisent la
meilleure viande. En ajoutant à la
nourriture ordinaire une ration
de glands qu'on augmente à la fin
de l'engraissement, on obtient un
très-bon résultat.*

576 N'engraisse-t-on pas aussi les porcs avec
les résidus de quelques fabriques ?

— *Les résidus des brasseries, des ami-
donneries, des distilleries, et les vian-
des des animaux morts sont très-
propres à l'engraissement des porcs.*

577 Comment doit-on conduire l'engraissement ?

— *Comme pour tous les animaux, il
faut commencer par les aliments les
moins bons et finir par les plus substantiels.*

578 Quels sont les soins généraux qu'on doit donner aux porcs?

— *Quoique ces animaux soient d'une extrême malpropreté, il faut les laver souvent, les tenir dans des porcheries sèches, bien aérées, et renouveler souvent la litière; une cour où les animaux peuvent se promener et prendre l'air leur est très-nécessaire.*

BÊTES A LAINE.

579 Quels sont les avantages des bêtes à laine?

— *Elles utilisent des pâturages dont d'autres animaux ne pourraient profiter, leur fumier est chaud et très-nutritif. Dans les terrains secs, où on peut les parquer, elles engraissent le sol sans main-d'œuvre, et lorsqu'elles sont réunies en grands troupeaux, elles exigent relativement peu de soins.*

580 Tous les terrains conviennent-ils à l'éducation des bêtes à laine?

— *En général, elles réussissent sur les sols secs ou montueux. Cependant quelques espèces s'accommodent des terrains humides.*

581 Quelles sont les races qui conviennent aux terres sèches ?

— *Les mérinos et les autres espèces délicates et à laine fine.*

582 Quelles espèces peut-on élever sur les sols humides ?

— *Quelques races anglaises, les Southdown, les Dishley.*

583 Comment doit-on disposer les bergeries ?

*— Plus que dans tous les autres loge-
ments des animaux, il faut un accès
facile à l'air, un sol élevé et sec.*

584 Comment reconnaît-on l'âge des moutons ?

*— Au moyen des dents incisives de la
mâchoire inférieure ; la mâchoire
supérieure en est dépourvue.
Les dents de lait sont remplacées à peu
près dans l'ordre suivant :
D'un an à un an et demi, les pinces ou
dents du milieu ; de deux à deux ans
et demi, les premières mitoyennes ;
de trois à trois ans et demi, les secondes mitoyennes, et enfin les coins
l'année suivante.*

585 Comment nourrit-on les bêtes à laine ?

*— Au pâturage en été, dans les prai-
ries naturelles ou artificielles, avec
les racines et les fourrages secs en
hiver.*

586 Peut-on maintenir les moutons conti-
nuellement à la bergerie comme on
garde les vaches à l'étable ?

— *Les bêtes à laine ont besoin de sortir souvent, et dans les terrains secs,
le parquage, qui consiste à les maintenir au moyen de claies sur un terrain qu'on veut engraisser, leur vaut
mieux que le séjour prolongé dans la
bergerie.*

587 Quels sont les soins généraux qu'exigent
les bêtes à laine ?

— *Ces animaux, naturellement faibles,
ont quelquefois besoin de nourriture fortifiante. Le foin des prairies
artificielles, l'avoine, le son, etc.,
leur sont nécessaires.*

CHEVAUX.

8. Quelles sont les formes qu'on doit principalement rechercher dans un cheval de trait?

— *Epais, court et ramassé, la poitrine et la croupe larges, les épaules fortes, le corps arrondi et musculeux, le pied d'aplomb. Une démarche hardie et un pas assuré, sont aussi des qualités qu'on doit estimer.*

9 Quels sont les soins généraux qu'exigent les poulains ?

— *Les jeunes chevaux doivent autant que possible vivre en liberté, afin qu'un exercice modéré développe leurs membres.*
De la douceur, de la propreté , une écurie saine, élevée et une nourri-

*ture substantielle leur sont néces-
saires.*

590 Comment reconnaît-on l'âge des chevaux ?

— *A la chute des dents de lait, à leur
remplacement et à leur usure.*

591 Combien les chevaux ont-ils de dents
incisives ?

— *Douze : six à la mâchoire supérieure,
et six à la mâchoire inférieure.*

592 A quel âge les premières dents, c'est-
à-dire les dents de lait, tombent-elles
et sont-elles remplacées ?

— *Les deux dents de devant, ou pinces,
tombent et sont remplacées à la troisième année ; à la quatrième, les
dents les plus voisines ou mitoyennes ; enfin, à la cinquième, les coins.*

593 Comment sont faites les dents incisives
des chevaux ?

— *Elles ont une cavité noire entourée d'un petit bord blanc formé par l'é-mail interne.*

594 Cette disposition ne sert-elle pas à reconnaître l'âge des chevaux après cinq ans ?

— *Les trois paires d'incisives perdent leur cavité dans le même ordre où les dents sont venues. Lorsque le cheval vieillit, elles semblent plus longues et se réunissent sous un angle plus aigu.*

595 Les chevaux vivent-ils longtemps ?

— *Ceux qui sont soumis à de rudes fatigues ne durent guère que 15 à 18 ans ; mais lorsqu'on n'en exige qu'un travail modéré, ils peuvent vivre 25 et même 30 ans.*

596 Quelle doit être la durée moyenne du travail qu'on peut exiger d'un cheval ?

— *De huit à neuf heures par jour, en
deux attelées.*

597 Ne pourrait-on pas les faire travailler plus
longtemps ?

— *En commençant et en finissant à
des heures bien régulières, en attelant
les chevaux tous les jours, on obtient
une somme de travail beaucoup plus
considérable qu'en les faisant marcher longtemps un jour et peu le lendemain.*

598 Les chevaux n'ont-ils pas plus besoin de
.soins que les autres animaux ?

— *Plus que pour tous les autres : il leur
faut de la douceur, des ménagements,
une grande régularité dans la distribution de la nourriture, de fréquents pansements de la main et un
logement bien entretenu.*

599 Quelle est la nourriture ordinaire des chevaux ?

— *Le foin, l'avoine, la paille.*

600 Dans quelle proportion doit-on donner les aliments?

— *Un cheval de moyenne taille s'entretient bien avec 7 à 8 kilog. de foin, 5 kilog. de paille et 5 kilog. d'avoine.*

601 Lorsque les chevaux doivent supporter un travail très-fort, n'est-il pas convenable d'augmenter leur nourriture ?

— *Il vaut mieux augmenter la ration d'avoine, y ajouter du son ou de l'orge concassée, que de donner une plus grande quantité de foin.*

602 Quels seraient les inconvénients de donner trop de fourrages secs ?

— *Gonfler l'estomac outre mesure et exposer les chevaux à devenir*

*poussifs, surtout si on les fait tra-
vailler immédiatement après le repas.*

603 Lorsqu'on s'aperçoit que les vieux chevaux ou ceux qui sont gourmands ne
digèrent pas bien l'avoine, et qu'elle
est encore entière dans le crottin, que
faut-il faire ?

— *Ecraser, concasser ou aplatir les
grains qu'on destine à la nourriture
des chevaux; ils ne les aiment pas
autant réduits en farine.*

604 La nourriture au vert convient-elle aux
chevaux ?

— *Elle les rafraîchit, les entretient en
bon état, les remet de longues fatigues
et d'indispositions; mais lorsqu'on veut
obtenir un travail soutenu, les fourrages secs et l'avoine sont préférables.*

605 Peut-on nourrir les chevaux au pâturage ?

— Ce régime ne convient que pour ceux qui travaillent fort peu ou qui ont besoin de repos.

606 Dans notre intérêt, ne devons-nous pas traiter doucement les animaux de toute espèce ?

— Les animaux bien traités rapportent davantage. En outre, par humanité et par reconnaissance, nous devons leur éviter les souffrances, car ils sont les compagnons de nos travaux et ils nous enrichissent de leurs produits.

607 Que penser des hommes qui prennent plaisir aux souffrances des animaux ?

— Celui qui est cruel avec les animaux sera rarement bon avec les hommes.

ÉCONOMIE.

608 Qu'entend-on par économie agricole ?

— *L'ordre établi dans une exploitation, le travail bien dirigé, l'argent bien employé, les soins de toute nature.*

609 Pour arriver le plus possible à une économie bien entendue, que faut-il ?

— *Etablir des comptes exacts de toutes les opérations agricoles.*

610 La comptabilité vous semble-t-elle indispensable ?

— *Sans registres pour noter tout ce qui se fait, on marche au hasard et on peut arriver à la ruine sans s'en douter.*

611 Quelles sont les principales opérations de la comptabilité ?

— *Apprécier la valeur de chaque chose*

et de chaque travail, puis à la fin de l'année, faire un inventaire.

612 Comment verra-t-on si l'on a perdu ou gagné sur telle ou telle partie de l'exploitation ?

— *Si l'on a noté bien exactement tout ce qui aura été dépensé pour chaque genre de culture, pour les animaux, tout ce qui aura été produit, la différence entre ces produits et ces dépenses sera le bénéfice ou la perte.*

613 Comment connaîtra-t-on l'ensemble des bénéfices ou des pertes ?

— *En comparant l'inventaire de l'année précédente avec celui de l'année courante.*

614 Les livres d'une comptabilité agricole doivent-ils être bien nombreux ?

— Un simple cahier de recettes et de dé
penses serait déjà une petite comptabi
lité fort utile.

645 D'autres registres ou cahiers ne sont-il
pas encore nécessaires ?

— En ajoutant au cahier de recettes
dépenses un livre où toutes les opératior
journalières seront inscrites, puis u
autre où elles viendront se réunir cha
cune sur une page, on aura un guid
suffisant pour une petite exploitation

646 Tous ces principes sont-ils les seuls né
cessaires pour réussir ?

— Avant tout, il faut honorer Dieu, re
pecter et aimer ses parents, être honnê
homme dans toutes les circonstances d
la vie; sans cela, pas de réussite dura
ble.

TABLE ALPHABÉTIQUE.

A

B

C

D

E

F

H

I

J

T

V

9 782329 320274